Python 数据分析与可视化

李晓丽 刘海军 高晓燕 薛 韡 编 著

清 华 大 学 出 版 社
北京交通大学出版社
·北京·

内 容 简 介

本书共分 3 章，第 1 章讲述 Python 基础知识，包括 Python 语言基本语法、内置数据类型、Python 控制语句、函数和文件操作；第 2 章讲述 Python 数据分析，包括 Numpy 数值计算基础、Numpy 数学与算术函数、Numpy 中的数据统计与分析、pandas 统计分析基础、pandas 数据运算、pandas 数据载入与预处理；第 3 章讲述数据可视化，包括 matplotlib 绘图基础、使用 pandas 和 Seaborn 绘图。

本书完全面向 Python 3.x，全部案例代码使用 Python 3.9 编写，本书可以满足 Python 初学者及需要学习数据分析与可视化的读者的需求。

本书封面贴有清华大学出版社防伪标签，无标签者不得销售。
版权所有，侵权必究。侵权举报电话：010-62782989　13501256678　13801310933

图书在版编目（CIP）数据

Python 数据分析与可视化/李晓丽等编著 . —北京：北京交通大学出版社：清华大学出版社，2021.8（2024.2 重印）
ISBN 978-7-5121-4495-8

Ⅰ. ①P… Ⅱ. ①李… Ⅲ. ①软件工具-程序设计 Ⅳ. ①TP311.561

中国版本图书馆 CIP 数据核字（2021）第 131857 号

Python 数据分析与可视化
Python SHUJU FENXI YU KESHIHUA

责任编辑：韩素华
出版发行：清华大学出版社　邮编：100084　电话：010-62776969　http://www.tup.com.cn
　　　　　北京交通大学出版社　邮编：100044　电话：010-51686414　http://www.bjtup.com.cn
印　刷　者：北京虎彩文化传播有限公司
经　　销：全国新华书店
开　　本：185 mm×260 mm　印张：11.75　字数：290 千字
版 印 次：2021 年 8 月第 1 版　2024 年 2 月第 2 次印刷
定　　价：39.00 元

本书如有质量问题，请向北京交通大学出版社质监组反映。对您的意见和批评，我们表示欢迎和感谢。
投诉电话：010-51686043，51686008；传真：010-62225406；E-mail：press@bjtu.edu.cn。

前 言

由于 Python 的简洁性、易学性和可扩展性，使得 Python 受到了越来越多的关注，越来越多的计算机专业和非专业人员都开始学习 Python。尤其是 Python 数据分析领域，在过去 20 年里得到了长足的发展，利用 Python 进行数据分析，就一定要介绍 Numpy、pandas 和 matplotlib 这三个扩展库。本书正是基于这样的初衷，将 Python 基础和数据分析的三个扩展库进行了详细的介绍，供学习 Python 数据分析的人员参考。

全书共分为 3 章，第 1 章为 Python 基础，包括 Python 语言基本语法、内置数据类型、Python 控制语句、函数和文件操作；第 2 章为 Python 数据分析，包括 Numpy 数值计算基础、Numpy 数学函数、算术函数、随机函数、统计函数、排序函数、条件筛选函数、Pandas 统计分析基础、pandas 数据运算、pandas 数据载入与预处理；第 3 章为数据可视化，包括 matplotlib 绘图基础、使用 pandas 和 seaborn 绘制各种图形。

本书完全面向 Python 3.x，全部案例代码使用 Python 3.9 编写，本书可以满足 Python 初学者及需要学习数据分析与可视化的读者的需求。

本书在撰写过程中，得到了许多老师的帮助，在此表示衷心的感谢。由于学识浅陋，书中难免有疏漏之处，敬请读者批评指正。

编者
2021 年 7 月

目　　录

第1章　Python 基础 ·· 1

1.1　Python 语言基本语法 ·· 3
1.1.1　Python 的编程方式 ·· 3
1.1.2　Python 语句的缩进 ·· 4
1.1.3　Python 引号 ··· 4
1.1.4　Python 标识符 ··· 5
1.1.5　Python 关键字 ··· 5
1.1.6　Python 变量 ··· 5

1.2　内置数据类型 ·· 7
1.2.1　Python 数据类型 ··· 7
1.2.2　运算符和表达式 ·· 11
1.2.3　Python 序列类型 ·· 14

1.3　Python 控制语句 ·· 54
1.3.1　Python 条件语句 ·· 54
1.3.2　Python 循环语句 ·· 56
1.3.3　break 和 continue 语句 ·· 59

1.4　函数 ··· 61
1.4.1　值传递与引用传递 ·· 63
1.4.2　位置参数 ··· 64
1.4.3　关键字参数 ··· 64
1.4.4　可变长度参数 ·· 65
1.4.5　函数的返回值 ·· 66
1.4.6　变量的作用域 ·· 67

1.5　文件操作 ·· 69
1.5.1　打开文件 ··· 69
1.5.2　读取文件 ··· 70

I

1.5.3　写文件 …………………………………………………………… 71
　　　1.5.4　关闭文件 ………………………………………………………… 71
　　　1.5.5　文件定位 ………………………………………………………… 72

第2章　Python 数据分析 ……………………………………………………… 73
　2.1　NumPy 数值计算基础 ……………………………………………………… 75
　　　2.1.1　NumPy 创建数组 ………………………………………………… 75
　　　2.1.2　NumPy 切片和索引 ……………………………………………… 83
　　　2.1.3　NumPy 数组运算 ………………………………………………… 86
　2.2　NumPy 数学与算术函数 …………………………………………………… 89
　　　2.2.1　数组函数 ………………………………………………………… 89
　　　2.2.2　数学函数 ………………………………………………………… 98
　　　2.2.3　NumPy 算术函数 ………………………………………………… 100
　　　2.2.4　NumPy 随机函数 ………………………………………………… 104
　2.3　NumPy 中的数据统计与分析 ……………………………………………… 109
　　　2.3.1　统计函数 ………………………………………………………… 109
　　　2.3.2　NumPy 排序、条件筛选函数 …………………………………… 114
　2.4　pandas 统计分析基础 ……………………………………………………… 119
　　　2.4.1　Series 和 DataFrame ……………………………………………… 119
　　　2.4.2　pandas 的基本操作 ……………………………………………… 124
　　　2.4.3　pandas 基本功能 ………………………………………………… 130
　　　2.4.4　pandas 统计函数 ………………………………………………… 134
　　　2.4.5　pandas 函数运算 ………………………………………………… 137
　2.5　pandas 数据运算 …………………………………………………………… 140
　　　2.5.1　pandas 迭代 ……………………………………………………… 140
　　　2.5.2　pandas 排序 ……………………………………………………… 142
　　　2.5.3　pandas 缺失数据处理 …………………………………………… 146
　　　2.5.4　pandas 日期功能 ………………………………………………… 148
　　　2.5.5　pandas 数据离散化 ……………………………………………… 150
　2.6　pandas 数据载入与预处理 ………………………………………………… 152
　　　2.6.1　读取 csv 文件 …………………………………………………… 152
　　　2.6.2　读取 Excel 文件 ………………………………………………… 154

第3章 数据可视化 ·· 159

3.1 matplotlib 绘图基础 ·· 161
3.1.1 Pyplot 模块 ·· 161
3.1.2 添加子图 ·· 164
3.2 使用 pandas 和 Seaborn 绘图 ································ 169
3.2.1 折线图 ·· 169
3.2.2 柱状图 ·· 170
3.2.3 直方图和密度图 ·· 172
3.2.4 散点图 ·· 174
3.2.5 饼图 ·· 175

参考文献 ·· 177

第1章　Python 基础

　　Python 是一种跨平台、开源、免费的解释型高级动态编程语言，是一种通用编程语言。Python 支持命令式编程和函数式编程两种方式，其语法简洁清晰，功能强大，易学易用。Python 具有良好的编程生态，拥有大量的几乎支持所有领域应用开发的成熟扩展库和狂热支持者。

1.1　Python 语言基本语法

1.1.1　Python 的编程方式

1. 交互式编程

交互式编程不需要创建脚本文件，是通过 Python 解释器的交互模式来编写代码。在 Python 提示符中输入表达式 3+2，然后按 Enter 键查看运行结果，如图 1-1 所示。

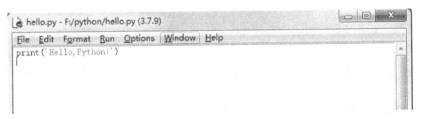

图 1-1　运行结果

2. 脚本式编程

通过脚本参数调用解释器开始执行脚本，直到脚本执行完毕。当脚本执行完成后，解释器不再有效。下面写一个简单的 Python 脚本程序，所有 Python 文件将以 .py 为扩展名。如图 1-2 所示。

图 1-2　Python 脚本程序

将文件保存为 hello.py，在控制台运行结果如图 1-3 所示。

1.1.2　Python 语句的缩进

Pyhton 语言与 Java、C#等编程语言最大的不同点是，Python 代码块使用缩进对齐表示代码逻辑，而不是使用大括号。这对习惯用大括号表示代码块的程序员来说，确实是学习 Python 的一个障碍。

Python 每段代码块缩进的空白数量可以任意，但要确保同段代码块语句必须包含相同的缩进空白数量。一般用 tab 键进行缩进，或者按 4 个空格进行缩进，切记不能混用。

例如，输入图 1-4 所示代码，运行时显示 unexpected indent 错误。

图 1-4　输入代码

正确的代码缩进应该是：

```
a=input(请输入第一个数")
b=input("请输入第二个数")
if a > b:
    print("a>b")
else:
    print("a<b")
```

1.1.3　Python 引号

在 Python 语言中，引号主要用于表示字符串。可以使用单引号（'）、双引号（"）、三引号（'''），引号必须成对使用。单引号和双引号用于程序中的字符串表示；三引号允许一个字符串可以跨多行，字符串中可以包含换行符、制表符及其他特殊字符，三引号也用于程序中的注释。如：

```
bookname = 'Python 数据分析与可视化'
bookbrief = "这是一本学习 Python 编程的书"
```

```
paragraph = """图书主要阐述 Python 的基础知识,Python 数据分析,Python 数
据可视化"""
```

1.1.4 Python 标识符

标识符用于 Python 语言的变量、关键字、函数、对象等数据的命名。标识符的命名需要遵循下面的规则。

（1）可以由字母（大写 A~Z 或小写 a~z）、数字（0~9）、下划线（_）和汉字组合而成，但不能由数字开头。

（2）不能包含除_以外的任何特殊字符，如:%、#、&、逗号、空格等。

（3）不能包含空白字符（换行符、空格和制表符称为空白字符）。

（4）标识符不能是 Python 语言的关键字和保留字。

（5）标识符区分大小写，num1 和 Num1 是两个不同的标识符。

（6）标识符的命名要有意义，做到见名知意。

例：正确标识符的命名示例

`width`、`height`、`book`、`result`、`num`、`num1`、`num2`、`book_price`。

例：错误标识符的命名示例

`123rate`(以数字开头)、`Book Author`(包含空格)、`Address#`(包含特殊字符)、`class`(calss 是类关键字)。

1.1.5 Python 关键字

Python 预先定义了一部分有特别意义的标识符，用于语言自身使用。这部分标识符称为关键字或保留字，不能用于其他用途，否则会引起语法错误，随着 Python 语言的发展，其预留的关键字也会有所变化。表 1-1 列出了 Python 预留的关键字。

表 1-1 Python 预留的关键字表

and	exec	not	assert	finally
or	break	for	pass	class
from	print	continue	global	raise
def	if	return	del	import
try	elif	in	while	else
is	with	except	lambda	yield

1.1.6 Python 变量

用标识符命名的存储单元的地址称为变量，变量是用来存储数据的，通过标识符可以

获取变量的值，也可以对变量进行赋值。对变量赋值的意思是将值赋给变量，当赋值完成后，变量所指向的存储单元存储了被赋的值，在 Pyhton 语言中赋值操作符为"=、+=、-=、*=、/=、%=、**=、//="。

当程序使用变量存储数据时，必须要先声明变量，然后才能使用。声明变量的语法如下：

identifier [= value];

其中 identifier 是标识符，也是变量名称。value 为变量的值，该项为可选项，可以在变量声明时给变量赋值，也可以不赋值。当声明变量时，不需要声明数据类型，Python 会自动选择数据类型进行匹配。

例：变量声明示例

① result；

② width。

例：变量声明并赋值示例

① result = 30；

② name = "Peter"。

小结

Python 的语法有两点需要注意：①Python 同一代码块的缩进要对齐，不然就会出现语法错误；②Python 在字符串表示上和其他语言有所不同，Python 的字符串可以用单引号（'）、双引号（"）、三引号（"""）表示。

1.2 内置数据类型

1.2.1 Python 数据类型

计算机程序可以处理各种数值，不同的数据需要定义不同的数据类型。

1. 数值类型

Python 数值类型用于存储数值，Python 3 支持以下 3 种不同的数值类型。

* 整型（int）：通常被称为整数，是正整数、0 或负整数，不带小数点。
* 浮点型（float）：由整数部分与小数部分组成，浮点型也可以用科学计数法表示（1.25e2 就是 $1.25*10^2=125$）。
* 复数（complex）：由实数部分和虚数部分构成，可以用 a+bj 形式来表示，如 2+3j。

数据类型是不允许改变的，这就意味着如果改变数值数据类型的值，将重新分配内存空间。可以用 type( ) 函数判断变量的数据类型。

2. 字符串

字符串是 Python 中最常用的数据类型之一，使用单引号、双引号、三引号来括起来表示，三引号表示多行字符串，平常使用单引号或双引号就行。当有单引号、双引号嵌套时，可使用反斜杠【\】进行转义，或者使用不是嵌套中的引号，如 var = ' This is "dog" !'。

字符串是不可变的序列数据类型，不能修改字符串本身，和数字类型一样。Python 完全支持 Unicode 编码，所有的字符串都是 Unicode 字符串。虽然字符串本身不可变，但是可以像列表一样进行切片和截取子串操作，但不会引起字符串本身的变化。

1）创建和访问字符串

创建字符串很简单，只要为变量分配一个字符串类型的值即可。例：

a='Hello'

b="Python"

2）字符串运算类型（见表 1-2）

表 1-2 字符串运算类型

操作	描述	例子	结果
+	字符串拼接（速度慢，少用）	a + b	"Hello Python"

续表

操作	描述	例子	结果
*	重复字符串，相当于乘法	a * 2	"Hello Hello"
[ ]	通过索引获取字符串中的字符	a[2]	"l"
[:]	截取、切片	a[2:]	"llo"
in	成员运算符，如果字符串中包括给定的字符串，返回 True	"X" in a	False
not in	成员运算符，如果字符串中包括给定的字符串，不包含返回 True	"X" not in a	True
r/R	原始字符串，不会转义特殊字符	print(r"\n")	\n

3）转义字符

转义字符都有特殊含义，见表1-3。

表1-3 转义字符及含义

转义字符	描述	转义字符	描述
\（在行尾时）	续行符	\000	空
\\	反斜杠	\n	换行
\'	单引号	\v	纵向制表符
\"	双引号	\t	横向制表符
\a	响铃	\r	回车
\b	退格	\f	换页
\e	转义	\o33	颜色控制

4）字符串内置方法

表1-4从常用字符串内置方法开始梳理，常用的都要记住如何使用，不常用的要有印象。

表1-4 常用字符串内置方法

方法	描述
string.split(sep, maxsplit=-1)	字符串分割，返回对象为分割后的子串列表。默认使用空格分割，可指定分隔符，分隔符不包含在分割后的子串中；默认贪婪分割，可指定分割次数
string.splitlines([keepends])	按照('\r', '\r\n', '\n')分割字符串，返回一个包含各行作为元素的列表，如果参数 keepends 为 False，不包含换行符，否则保留换行符
string.strip([chars])	默认返回去除字符串两边空格的字符串，其中有 string.lstrip() 和 string.rstrip() 是分别去除左、右边的空格。可指定去除的字符
string.find(sub[, star[, end]])	返回查找子串出现的第一个位置索引，可以指定查找范围，没有找到子串返回-1。其中 string.rfind() 是从右边开始查找

续表

方法	描述
string.index (sub [, start [, end]])	返回查找子串出现的一个位置索引,可指定查找范围,没有找到会异常 ValueError,其中 string.rindex() 是从右边开始检索
string.count (sub [, start [, end]])	返回查找子串在字符串中出现的次数,可指定查找范围,没有找到,返回0
string.lower( )	返回一个全部为小写的字符串
string.upper( )	返回一个全部为大写的字符串
string.startswith (prefix [, start [, end]])	返回在给定范围中是否以指定字符串开头,是返回 True,否则返回 False
string.endswith (prefix [, start [, end]])	返回在给定范围中是否以指定字符串结尾,是返回 True,否则返回 False
string.replace (old, new [, count])	返回使用字符串 new 替换字符串 old count 次的新的字符串
string.encode(encoding='utf-8', errors='strict')	返回以 encoding 指定的编码格式编码的 bytes 对象,如果出错会报一个 UnicodeEncodeError 异常,除非指定 errors 是'ignore'或'replace'
bytes.decode(encoding='utf-8', errors='strict')	和 string.encode 是逆向过程,将 bytes 以指定编码格式解码为 string,如果出错会报一个 UnicodeEncodeError 异常,除非指定 errors 是'ignore'或'replace'
string.format( )	格式化字符串,常用方式为位置参数和关键字参数
string.join(seq)	以指定的 string 为分隔符,将序列 seq 中的元素(其中的元素必须是以字符串类型的形式才可以)合并为一个新的字符串
string.center(width)	返回一个原字符串居中,并默认使用空格填充至长度 width 的新字符串,可指定填充字符串
string.ljust(width)	返回一个原字符串左对齐,并默认使用空格在右侧填充至长度 width 的新字符串,可指定填充字符串
string.rjust(width)	返回一个原字符串右对齐,并默认使用空格在左侧填充至长度 width 的新字符串,可指定填充字符串
string.zfill(width)	返回长度为 width 的字符串,原字符串右对齐,前面填充0
string.expandtabs(tabsize=8)	把字符串 string 中的 tab 符号转化为空格,tab 默认空格数是8
string.capitalize( )	返回首字母大写的字符串
string.isalnum( )	如果 string 中至少出现一个字符并且所有的字符都是字母或数字的则返回 True,否则返回 False
string.isalpha( )	如果 string 中至少出现一个字符且所有字符都是字母的则返回 True,否则返回 False

续表

方法	描述
string.isdigit()	string中除汉字、数字返回False,其余数字[unicode数字,bytes数字(单字节),全角数字(双字节),罗马数字]都返回True,无Error
string.isdecimal()	因为bytes类型数字没有isdecimal属性,会报异常AttributeError,unicode数字、全角数字返回True,罗马数字、汉字、数字会返回False
string.isnumeric()	因为bytes类型数字没有isnumeric属性,会报异常AttributeError,其余类型数字都返回True
string.islower()	只要string中不包含大写字符并且包含至少一个小写字符就会返回True,否则返回False
string.isupper()	只要string中不包含小写字符并且包含至少一个大写字符就会返回True,否则返回False
string.istitle()	如果string是标题式的字符串,就返回True,否则返回False,标题式是:字符串中的单词首字母大写,如"Title 10Dd"
string.isspace()	如果string中只包含空格类型,就返回True,否则返回False,空格类型:'\n\t\v\r\f'
string.title(width)	返回'标题化'的string,即单词的首字母全部大写,其余字母小写
string.swapcase()	翻转大小写
str.maketrans(intab, outtab)	接受两个长度相同的字符串,第一个字符串是需要转换的字符串,第二个字符串是转化的目标字符串,用于创建字符串映射的转化表
string.translagte()	使用str.maketrans()方法转化的转化表进行字符串的转化
string.partion(str)	从左边找str出现的第一个位置起,把字符串string分成一个3元素的元祖(string_pre_str, str, string_post_str),如果string中不包含str,则string_pre_str == string
string.rpartion()	从右边找str出现的第一个位置起,把字符串string分成一个3元素的元祖(string_pre_str, str, string_post_str),如果string中不包含str,则string_pre_str == string

3. 布尔类型

Python支持布尔类型的数据,布尔类型只有True和False两种值,布尔类型支持and、or和not运算,布尔运算在计算机中用来做条件判断,根据计算结果为True或False,计算机可以自动执行后续代码。

and运算,只有当两个布尔值都为True时,计算结果才是True;

or运算,只要有一个布尔值为True,计算结果就是True;

not运算,把True变为False,或者把False变为True。

在Python中,布尔类型还可以与其他数据类型做and、or和not运算,以下几种类型会被认为是 False：为 0 的数字；空字符串；表示空值的 None；空集合、空元祖、空序列和空字点；其他的值都为 True。如：

```
a=""
print(a and True)      #结果为 False
```

4. Python 数字类型转换

1）int 函数

把符合数学格式的数字型字符串转换成整数；把浮点数转换成整数，但只是简单地取整，而非四舍五入。

```
aa=int("124")
print("aa=",aa)        #输出 aa=124
bb=int(123.45)
print("bb=",bb)        #输出 bb=123
```

2）float 函数将整数和字符串转换成浮点数

```
aa=float("124")
print("aa=",aa)        #输出 aa=124.0

bb=float(123.45)
print("bb=",bb)        #输出 bb=123.45
```

5. str 函数将数字转换成字符

```
aa=str(124)
print("aa=",aa)        #输出 aa=124


bb=str(123.45)
print("bb=",bb)        #输出 bb=123.45
print(type(bb))        #输出<class 'str'>
```

1.2.2 运算符和表达式

1. 算术运算符

+、-、*、/、//（整除）、%（取余）、**（幂）

注意：

① 除法运算中除数不为 0，'/'运算结果为浮点数，'//'运算结果为整数；

② 在算术操作符中使用%求余，结果只与除数（第二个操作数）的正负有关。

2. 赋值运算符

赋值运算符与四则运算符组合，实现把赋值运算符左右两侧的内容进行相应的四则运算后，把结果赋值给变量，见表1-5。

表1-5 常用字符串内置方法

运算符	描述	实例
=	简单赋值运算符	c=a+b 将 a+b 的运算结果赋值给 c
+=	加法赋值运算符	c+=a 等价于 c=c+a
-=	减法赋值运算符	c-=a 等价于 c=c-a
*=	乘法赋值运算符	c*=a 等价于 c=c*a
/=	除法赋值运算符	c/=a 等价于 c=c/a
%=	取模赋值运算符	c%=a 等价于 c=c%a
**=	幂赋值运算符	c**=a 等价于 c=c**a
//=	整除赋值运算符	c//=a 等价于 c=c//a

3. 比较运算符

比较运算符用于对变量或表达式的结果进行大小、真假等比较。比较的结果为真，则返回 True，结果为假，则返回 False。通常用在条件语句中作为判断的依据，见表1-6。

表1-6 比较运算符

运算符	描述
==	等于，比较两个对象是否相等
!=	不等于，比较两个对象是否不相等
<>	不等于，比较两个对象是否不相等。Python 3 已废弃
>	大于，判断 x 是否大于 y
<	小于，判断 x 是否小于 y
>=	大于等于，判断 x 是否大于等于 y
<=	小于等于，判断 x 是否小于等于 y

例如：判断 python 和 english 的成绩是否合格。

```
python = float(input("please enter your python score:"))
english = float(input("please enter your english score:"))
if python >= 60:
    print("Your python score is qualified.")
if python < 60:
    print("Your python score is disqualified.")
if english >= 60:
```

```
    print("Your english score is qualified. ")
if english < 60:
    print("Your english score is disqualified. ")
```

执行结果：

```
please enter your python score:56
please enter your english score:72
Your python score is disqualified.
Your english score is qualified.
```

4. 位运算符

位运算符是把数据看成二进制数进行计算的。

（1）位与运算（&）：两个操作数按二进制数表示，对应位都为1，结果位才为1。

（2）位或运算（|）：两个操作数按二进制数表示，对应位都为0，结果位才为0。

（3）位异或运算（^）：两个操作数按二进制数表示，对应位同为1或同为0，结果为0，否则为1。

（4）位取反运算（~）：把二进制操作数对应位1变为0，0变为1。

（5）左移位运算符（<<）：把二进制操作数向左移动相应位数，当左边最高位溢出时被丢弃，右边空位用0补齐（左移位相当于乘以2的n次幂）。

（6）右移位运算符（>>）：把二进制操作数向右移动相应位数，当右边溢出位溢出时被丢弃，左边最高位如果是0补0，是1补1（右移位相当于除以2的n次幂）。

5. 成员运算符

成员运算符有in、not in。

6. 身份运算符

身份运算符有is、is not。

7. 运算符的优先级

按运算符的优先级从高到低运算，同一级别从左到右顺序执行，可以使用()改变优先级。具体见表1-7。

表1-7 运算符的优先级

类型	运算符	说明
单目运算符	~，+，-	取反、正号和负号
算术运算符	*，/，%，//	乘、除、求余、整除
	+，-	加、减
位运算符	<<，>>	左移、右移

续表

类型	运算符	说明
位运算符	&	位与
	^	位异或
	|	位或
比较运算符	<, <=, >, >=, ==, !=	小于、小于等于、大于、大于等于、等于、不等于
逻辑运算符	and, or, not	与、或、非
赋值运算符	=, +=, -=, *=, /=, %=	赋值、加法赋值、减法赋值、乘法赋值、除法赋值、取模赋值

1.2.3 Python 序列类型

1. 序列的运算

所谓序列，指的是一块可存放多个值的连续内存空间，这些值按一定顺序排列，可通过每个值所在位置的编号（称为索引）访问它们。在 Python 中，序列类型包括字符串、列表、元组、集合和字典，这些序列支持以下几种通用的操作，但比较特殊的是，集合和字典不支持索引、切片、相加和相乘操作。

1）序列索引

在序列中，每个元素都有属于自己的编号（索引）。从起始元素开始，索引值从 0 开始递增，如图 1-5 所示。

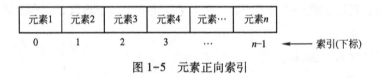

图 1-5 元素正向索引

除此之外，Python 还支持索引值是负数，此类索引是从右向左计数，换句话说，从最后一个元素开始计数，从索引值 -1 开始，如图 1-6 所示。

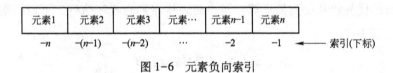

图 1-6 元素负向索引

无论是采用正索引值，还是负索引值，都可以访问序列中的任何元素。以字符串为例，访问"数据分析与可视化"的首元素和尾元素，可以使用以下的代码：

str="数据分析与可视化"
print(str[0],"==",str[-8])

```
print(str[7],"==",str[-1])
```

输出结果为：

数 == 数

化 == 化

2）序列切片

切片操作是访问序列中元素的另一种方法，它可以访问一定范围内的元素，通过切片操作，可以生成一个新的序列。

序列实现切片操作的语法格式如下：

```
sname[start: end: step]
```

其中，各个参数的含义如下。

sname：表示序列的名称。

start：表示切片的开始索引位置（包括该位置），此参数也可以不指定，会默认为 0，也就是从序列的开头进行切片。

end：表示切片的结束索引位置（不包括该位置），如果不指定，则默认为序列的长度。

step：表示在切片过程中，隔几个存储位置（包含当前位置）取一次元素，也就是说，如果 step 的值大于 1，则在进行切片去序列元素时，会"跳跃式"地取元素。如果省略设置 step 的值，则最后一个冒号就可以省略。

例如，对字符串"数据分析与可视化"进行切片：

```
str="数据分析与可视化"
#取索引区间为[0,2]之间(不包括索引 2 处的字符)的字符串
print(str[:2])
#隔 1 个字符取一个字符,区间是整个字符串
print(str[::2])
#取整个字符串,此时 [ ] 中只需一个冒号即可
print(str[:])
```

运行结果为：

数据

数分与视

数据分析与可视化

3）序列相加

在 Python 中，支持两种类型相同的序列使用"+"运算符做相加操作，它会将两个序

列进行连接，但不会去除重复的元素。

这里所说的"类型相同"，指的是"+"运算符的两侧序列要么都是列表类型，要么都是元组类型，要么都是字符串。如下所示：

str="可视化"
print("数据分析"+"与"+str)

输出结果为：

数据分析与可视化

4）序列相乘

在Python中，使用数字n乘以一个序列会生成新的序列，其内容为原来序列被重复n次的结果。例如：

str="数据分析与可视化"
print(str*3)

输出结果为：

数据分析与可视化数据分析与可视化数据分析与可视化

5）检查元素是否包含在序列中

在Python中，可以使用in关键字检查某元素是否为序列的成员，其语法格式为：

value in sequence

其中，value表示要检查的元素，sequence表示指定的序列。

例如，检查字符'数'是否包含在字符串"数据分析与可视化"中，可以执行以下代码：

str="数据分析与可视化"
print('数'in str)

运行结果为：

True

和in关键字用法相同，但功能恰好相反的，还有not in关键字，它用来检查某个元素是否不包含在指定的序列中，如：

str="数据分析与可视化"
print('数'not in str)

运行结果为：

False

6) 与序列相关的内置函数

Python 提供了几个与序列相关的内置函数（见表 1-8），可用于实现与序列相关的一些常用操作。

表 1-8　与序列相关的内置函数

函数	功能
len( )	计算序列的长度，即返回序列中包含多少个元素
max( )	找出序列中的最大元素。注意，当对序列使用 sum( ) 函数时，做加和操作的必须都是数字，不能是字符或字符串，否则该函数将抛出异常，因为解释器无法判定是要做连接操作（+ 运算符可以连接两个序列），还是做加和操作
min( )	找出序列中的最小元素
list( )	将序列转换为列表
str( )	将序列转换为字符串
sum( )	计算元素和
sorted( )	对元素进行排序
reversed( )	反向序列中的元素
enumerate( )	将序列组合为一个索引序列，多用在 for 循环中

2. 在 Python 中的序列类型

在 Python 中的序列类型包括列表（list）、元组（tuple）、字典（dict）和集合（set）。列表（list）和元组（tuple）比较相似，它们都按顺序保存元素，所有的元素占用一块连续的内存，每个元素都有自己的索引，因此列表和元组的元素都可以通过索引（index）来访问。它们的区别在于：列表是可以修改的，而元组是不可以修改的。字典（dict）和集合（set）存储的数据都是无序的，每份元素占用不同的内存，其中字典元素以 key-value 的形式保存。

1) 列表

从形式上看，列表会将所有元素都放在一对中括号［　］里面，相邻元素之间用逗号（,）分隔，如下所示：

[element1, element2, element3, …, elementn]

在此格式中，element1 ~ elementn 表示列表中的元素，个数没有限制，只要是 Python 支持的数据类型就可以。

从内容上看，列表可以存储整数、小数、字符串、列表、元组等任何类型的数据，并且同一个列表中元素的类型也可以不同。如：

["数据分析与可视化",1,[2,3,4],3.0]

可以看到，列表中同时包含字符串、整数、列表、浮点数这些数据类型。

注意：在使用列表时，虽然可以将不同类型的数据放入同一个列表中，但通常情况下不这么做，同一列表中只放入同一类型的数据，这样可以提高程序的可读性。

(1) Python 创建列表。在 Python 中，创建列表的方法可分为两种，下面分别进行介绍。

① 使用 [ ] 直接创建列表。使用 [ ] 创建列表后，一般使用=将它赋值给某个变量，具体格式如下：

listname = [element1, element2, element3, …, elementn]

其中，listname 表示变量名，element1 ~ elementn 表示列表元素。

例如，下面定义的列表都是合法的：

num = [1, 2, 3, 4, 5, 6, 7]
program = ["C 语言", "Python", "Java"]

另外，当使用此方式创建列表时，列表中元素可以有多个，也可以一个都没有，如：

emptylist = [ ]

这表明，emptylist 是一个空列表。

② 使用 list( ) 函数创建列表。除了使用 [ ] 创建列表外，Python 还提供了一个内置的函数 list( )，使用它可以将其他数据类型转换为列表类型。如：

```
#将字符串转换成列表
list1 = list("hello")
print(list1)


#将元组转换成列表
tuple1 = ('Python', 'Java', 'C++', 'JavaScript')
list2 = list(tuple1)
print(list2)


#将字典转换成列表
dict1 = {'a':100, 'b':42, 'c':9}
list3 = list(dict1)
print(list3)

#将区间转换成列表
range1 = range(1, 6)
```

```
list4 = list(range1)
print(list4)

#创建空列表
print(list())
```
运行结果为：
```
['h', 'e', 'l', 'l', 'o']
['Python', 'Java', 'C++', 'JavaScript']
['a', 'b', 'c']
[1, 2, 3, 4, 5]
[]
```

（2）访问列表元素。列表是 Python 序列的一种，可以使用索引（index）访问列表中的某个元素（得到的是一个元素的值），也可以使用切片访问列表中的一组元素（得到的是一个新的子列表）。

使用索引访问列表元素的格式为：

```
listname[i]
```

其中，listname 表示列表名字，i 表示索引值。列表的索引可以是正数，也可以是负数。

使用切片访问列表元素的格式为：

```
listname[start: end: step]
```

其中，listname 表示列表名字，start 表示起始索引，end 表示结束索引，step 表示步长。

以上两种方式已在前面讲解，这里就不再赘述了，仅作示例演示，请看下面代码：

```
li = list("数据分析与可视化")

#使用索引访问列表中的某个元素
print(li[3])    #使用正数索引
print(li[-4])   #使用负数索引

#使用切片访问列表中的一组元素
print(li[2:4])   #使用正数切片
print(li[:8:2])  #指定步长
```

```
print(li[-6:-1])    #使用负数切片
```

运行结果为:

析

与

['分', '析']

['数', '分', '与', '视']

['分', '析', '与', '可', '视']

例:生成包含20个随机数的列表,然后将前10个元素升序排列,后10个元素降序排列,并输出结果。

```
import random
x = [random.randint(0,100) for i in range(20)]
print("原列表:",x)
y = x[0:10]
y.sort()
x[0:10] = y
y = x[10:20]
y.sort(reverse=True)
x[10:20] = y
print("排序后:",x)
```

运行结果为:

原列表:[15, 73, 34, 53, 66, 40, 46, 76, 98, 93, 69, 37, 32, 19, 79, 21, 4, 14, 0, 0]

排序后:[15, 34, 40, 46, 53, 66, 73, 76, 93, 98, 79, 69, 37, 32, 21, 19, 14, 4, 0, 0]

(3) Python 删除列表。对于已经创建的列表,如果不再使用,可以使用 del 关键字将其删除。

实际开发中并不经常使用 del 来删除列表,因为 Python 自带的垃圾回收机制会自动销毁无用的列表,即使开发者不手动删除,Python 也会自动将其回收。

del 关键字的语法格式为:

```
del listname
```

其中,listname 表示要删除列表的名称。

Python 删除列表实例演示：

```
intlist = [1, 45, 8, 34]
print(intlist)
del intlist
print(intlist)
```

运行结果为：

```
[1, 45, 8, 34]
Traceback (most recent call last):
File "F:/python/1.py", line 4, in <module>
print(intlist)
NameError: name 'intlist'is not defined
```

（4）向列表添加元素。在实际开发中，经常需要对 Python 列表进行更新，包括向列表中添加元素、修改表中元素及删除元素。下面学习如何向列表中添加元素。

① append( ) 方法添加元素。append( ) 方法用于在列表的末尾追加元素，该方法的语法格式如下：

```
listname.append(obj)
```

其中，listname 表示要添加元素的列表；obj 表示要添加到列表末尾的数据，它可以是单个元素，也可以是列表、元组等。

```
l = ['Python', 'C++', 'Java']
#追加元素
l.append('PHP')
print(l)


#追加元组,整个元组被当成一个元素
t = ('JavaScript', 'C#', 'Go')
l.append(t)
print(l)


#追加列表,整个列表也被当成一个元素
l.append(['Ruby', 'SQL'])
print(l)
```

运行结果为：

'Python', 'C++', 'Java', 'PHP']

['Python', 'C++', 'Java', 'PHP', ('JavaScript', 'C#', 'Go')]

['Python', 'C++', 'Java', 'PHP', ('JavaScript', 'C#', 'Go'), ['Ruby', 'SQL']]

可以看到，当给 append() 方法传递列表或元组时，此方法会将它们视为一个整体，作为一个元素添加到列表中，从而形成包含列表和元组的新列表。

append 函数用法示例：

打印一个数的所有因子(如 8 的因子为 1,2,4,8)

```
a=eval(input('请您输入一个正整数'))
if a>0:
    yinzi=[]
    for i in range(1,a+1):
        if a% i==0:
            yinzi.append(i)
    print('{}的因子有:'.format(a))
    print(yinzi)
else:
    print('您输入的不是正数')
```

运行结果：

请您输入一个正整数:16

16 的因子有：

[1, 2, 4, 8, 16]

② extend() 方法添加元素。extend() 方法和 append() 方法的不同之处在于：extend() 不会把列表或元组视为一个整体，而是把它们包含的元素逐个添加到列表中。

extend() 方法的语法格式如下：

listname.extend(obj)

其中，listname 指的是要添加元素的列表；obj 表示要添加到列表末尾的数据，它可以是单个元素，也可以是列表、元组等，但不能是单个的数字。

```
l = ['Python', 'C++', 'Java']
#追加元素
l.extend('C')
print(l)
```

```
#追加元组,元祖被拆分成多个元素
t = ('JavaScript', 'C#', 'Go')
l.extend(t)
print(l)

#追加列表,列表也被拆分成多个元素
l.extend(['Ruby', 'SQL'])
print(l)
```

运行结果为:

```
['Python', 'C++', 'Java', 'C']
['Python', 'C++', 'Java', 'C', 'JavaScript', 'C#', 'Go']
['Python', 'C++', 'Java', 'C', 'JavaScript', 'C#', 'Go', 'Ruby', 'SQL']
```

③ insert() 方法插入元素。append() 方法和 extend() 方法只能在列表末尾插入元素,如果希望在列表中间某个位置插入元素,那么可以使用 insert() 方法。

insert() 的语法格式如下:

```
listname.insert(index , obj)
```

其中,index 表示指定位置的索引值。insert() 会将 obj 插入到 listname 列表第 index 个元素的位置。

当插入列表或元组时,insert() 也会将它们视为一个整体,作为一个元素插入到列表中,这一点和 append() 是一样的。

请看下面的演示代码:

```
l = ['Python', 'C++', 'Java']
#插入元素
l.insert(1, 'C')
print(l)

#插入元组,整个元组被当成一个元素
t = ('C#', 'Go')
l.insert(2, t)
print(l)
```

```
#插入列表,整个列表被当成一个元素
l.insert(3,['Ruby','SQL'])
print(l)
```

输出结果为:

['Python', 'C', 'C++', 'Java']

['Python', 'C', ('C#', 'Go'), 'C++', 'Java']

['Python', 'C', ('C#', 'Go'), ['Ruby', 'SQL'], 'C++', 'Java']

注意:insert() 主要用来在列表的中间位置插入元素,如果仅仅希望在列表的末尾追加元素,建议使用 append() 和 extend()。

(5) list 列表删除元素。在 Python 列表中删除元素主要分为以下 3 种情景:

根据目标元素所在位置的索引进行删除,可以使用 del 关键字或 pop() 方法;

根据元素本身的值进行删除,可使用列表(list 类型)提供的 remove() 方法;

将列表中所有元素全部删除,可使用列表(list 类型)提供的 clear() 方法。

del:根据索引值删除元素。

del 是 Python 中的关键字,专门用来执行删除操作,它不仅可以删除整个列表,还可以删除列表中的某些元素。

del 可以删除列表中的单个元素,格式为:

```
del listname[index]
```

其中,listname 表示列表名称,index 表示元素的索引值。

del 也可以删除中间一段连续的元素,格式为:

```
del listname[start: end]
```

其中,start 表示起始索引,end 表示结束索引。del 会删除从索引 start 到 end 之间的元素,不包括 end 位置的元素。

【示例】 使用 del 删除单个列表元素:

```
lang = ["Python", "C++", "Java", "PHP", "Ruby", "MATLAB"]

#使用正数索引
del lang[2]
print(lang)

#使用负数索引
```

```
del lang[-2]
print(lang)
```

运行结果为：

```
['Python', 'C++', 'PHP', 'Ruby', 'MATLAB']
['Python', 'C++', 'PHP', 'MATLAB']
```

【示例】 使用 del 删除一段连续的元素：

```
lang = ["Python", "C++", "Java", "PHP", "Ruby", "MATLAB"]

del lang[1: 4]
print(lang)

lang.extend(["SQL", "C#", "Go"])
del lang[-5: -2]
print(lang)
```

运行结果为：

```
['Python', 'Ruby', 'MATLAB']
['Python', 'C#', 'Go']
```

pop()：根据索引值删除元素。

Python pop() 方法用来删除列表中指定索引处的元素，具体格式如下：

```
listname.pop(index)
```

其中，listname 表示列表名称，index 表示索引值。如果不写 index 参数，默认会删除列表中的最后一个元素，类似于数据结构中的"出栈"操作。

pop() 用法举例：

```
nums = [40, 36, 89, 2, 36, 100, 7]
nums.pop(3)
print(nums)
nums.pop()
print(nums)
```

运行结果为：

```
[40, 36, 89, 36, 100, 7]
[40, 36, 89, 36, 100]
```

remove()：根据元素值进行删除。

除了 del 关键字，Python 还提供了 remove() 方法，该方法会根据元素本身的值来进行删除操作。

需要注意的是，remove() 方法只会删除第一个和指定值相同的元素，而且必须保证该元素是存在的，否则会引发 ValueError 错误。

remove() 方法使用示例：

```
nums = [40, 36, 89, 2, 36, 100, 7]
#第一次删除 36
nums.remove(36)
print(nums)
#第二次删除 36
nums.remove(36)
print(nums)
#删除 78
nums.remove(78)
print(nums)
```

运行结果为：

```
[40, 89, 2, 36, 100, 7]
[40, 89, 2, 100, 7]
Traceback (most recent call last):
    File "C:\Users\mozhiyan\Desktop\demo.py", line 9, in <module>
        nums.remove(78)
ValueError: list.remove(x): x not in list
```

clear()：删除列表所有元素。

Python clear() 用来删除列表的所有元素，也即清空列表，请看下面的代码：

```
l = list("数据分析与可视化")
l.clear()
print(l)
```

运行结果：

```
[]
```

（6）list 列表修改元素。Python 提供了两种修改列表（list）元素的方法，可以每次修改单个元素，也可以每次修改一组元素（多个）。

① 修改单个元素。修改单个元素非常简单，直接对元素赋值即可。例如：

```
nums = [40, 36, 89, 2, 36, 100, 7]
nums[2] = -26    #使用正数索引
nums[-3] = -66.2    #使用负数索引
print(nums)
```

运行结果为：

[40, 36, -26, 2, -66.2, 100, 7]

② 修改一组元素。Python 支持通过切片语法给一组元素赋值。在进行这种操作时，如果不指定步长（step 参数），Python 就不要求新赋值的元素个数与原来的元素个数相同；也就是说，该操作既可以为列表添加元素，也可以为列表删除元素。

下面的代码演示了如何修改一组元素的值：

```
nums = [40, 36, 89, 2, 36, 100, 7]
#修改第 1~4 个元素的值(不包括第 4 个元素)
nums[1: 4] = [45.25, -77, -52.5]
print(nums)
```

运行结果为：

[40, 45.25, -77, -52.5, 36, 100, 7]

如果对空切片（slice）赋值，就相当于插入一组新的元素。

```
nums = [40, 36, 89, 2, 36, 100, 7]
#在 4 个位置插入元素
nums[4: 4] = [-77, -52.5, 999]
print(nums)
```

运行结果为：

[40, 36, 89, 2, -77, -52.5, 999, 36, 100, 7]

当使用切片语法赋值时，Python 不支持单个值，如下面的写法就是错误的：

nums[4: 4] = -77

但是如果使用字符串赋值，Python 会自动把字符串转换成序列，其中的每个字符都是一个元素，请看下面的代码：

```
s = list("Hello")
s[2:4] = "XYZ"
```

```
print(s)
```

运行结果为：

```
['H', 'e', 'X', 'Y', 'Z', 'o']
```

当使用切片语法时也可以指定步长（step 参数），但这个时候就要求所赋值的新元素的个数与原有元素的个数相同，例如：

```
nums = [40, 36, 89, 2, 36, 100, 7]
#步长为2,为第1、3、5个元素赋值
nums[1: 6: 2] = [0.025, -99, 20.5]
print(nums)
```

运行结果为：

```
[40, 0.025, 89, -99, 36, 20.5, 7]
```

（7）list 列表查找元素。Python 列表（list）提供了 index( ) 和 count( ) 方法，它们都可以用来查找元素。

① index( ) 方法查找元素。index( ) 方法用来查找某个元素在列表中出现的位置（也就是索引），index( ) 方法会返回元素所在列表中的索引值。如果该元素不存在，则会导致 ValueError 错误。

index( ) 的语法格式为：

```
listname.index(obj, start, end)
```

其中，listname 表示列表名称，obj 表示要查找的元素，start 表示起始位置，end 表示结束位置。

start 和 end 参数用来指定检索范围：

start 和 end 可以都不写，此时会检索整个列表；

如果只写 start 不写 end，那么表示检索从 start 到末尾的元素；

如果 start 和 end 都写，那么表示检索 start 和 end 之间的元素。

index( ) 方法使用举例：

```
nums = [40, 36, 89, 2, 36, 100, 7, -20.5, -999]
#检索列表中的所有元素:
print( nums.index(2) )
#检索3~7之间的元素:
print( nums.index(100, 3, 7) )
#检索4之后的元素:
```

```
print( nums.index(7, 4) )
#检索一个不存在的元素:
print( nums.index(55) )
```

运行结果为:

```
3
5
6
Traceback (most recent call last):
    File "C:\Users\mozhiyan\Desktop\demo.py", line 9, in <module>
        print( nums.index(55) )
ValueError: 55 is not in list
```

② count() 方法。count() 方法用来统计某个元素在列表中出现的次数,基本语法格式为:

`listname.count(obj)`

其中,listname 代表列表名,obj 表示要统计的元素。

如果 count() 返回 0,就表示列表中不存在该元素,所以 count() 也可以用来判断列表中的某个元素是否存在。

count() 用法示例:

```
nums = [40, 36, 89, 2, 36, 100, 7, -20.5, 36]
#统计元素出现的次数:
print("36出现了%d次" % nums.count(36))
#判断一个元素是否存在:
if nums.count(100):
    print("列表中存在100这个元素")
else:
    print("列表中不存在100这个元素")
```

运行结果为:

36出现了3次

列表中存在100这个元素

2)元组

元组(tuple)是 Python 中另一个重要的序列结构,和列表类似,元组也是由一系列按特定顺序排序的元素组成。元组也可以看作是不可变的列表，通常情况下，元组用于保存无须修改的内容。

元组和列表（list）的不同之处在于：列表的元素是可以更改的，包括修改元素值，删除和插入元素，所以列表是可变序列；而元组一旦被创建，它的元素就不可更改了，所以元组是不可变序列。

从形式上看，元组的所有元素都被放在一对小括号（）中，相邻元素之间用逗号（,）分隔，如下所示：

(element1, element2, …, elementn)

其中 element1~elementn 表示元组中的各个元素，个数没有限制，只要是 Python 支持的数据类型就可以。

从存储内容上看，元组可以存储整数、实数、字符串、列表、元组等任何类型的数据，并且在同一个元组中，元素的类型可以不同，例如：

("数据分析与可视化", 1, [2,'a'], ("abc",3.0))

在这个元组中，有多种类型的数据，包括整型、字符串、列表、元组。

另外，我们都知道，列表的数据类型是 list，那么元组的数据类型是什么呢？我们不妨通过 type() 函数来查看一下：

```
>>> type( ("c.biancheng.net",1,[2,'a'],("abc",3.0)) )
<class 'tuple'>
```

可以看到，元组是 tuple 类型

(1) Python 创建元组。Python 提供了两种创建元组的方法，下面一一进行介绍。

① 使用（）直接创建。通过（）创建元组后，一般使用=将它赋值给某个变量，具体格式为：

tuplename = (element1, element2, …, elementn)

其中，tuplename 表示变量名，element1~elementn 表示元组的元素。

例如，下面的元组都是合法的：

```
num = (7, 14, 21, 28, 35)
course = ("Python 教程", "数据分析与可视化")
abc = ( "Python", 19, [1,2], ('c',2.0) )
```

在 Python 中，元组通常都是使用一对小括号将所有元素包围起来的，但小括号不是必须的，只要将各元素用逗号隔开，Python 就会将其视为元组，请看下面的例子：

course = "Python 教程", "数据分析与可视化"

```
print(course)
```
运行结果为：

```
('Python 教程','数据分析与可视化')
```

需要注意的是，当创建的元组中只有一个字符串类型的元素时，该元素后面必须要加一个逗号（,），否则 Python 解释器会将其视为字符串。请看下面的代码：

```
#最后加上逗号
a = ("数据分析与可视化",)
print(type(a))
print(a)


#最后不加逗号
b = ("数据分析与可视化")
print(type(b))
print(b)
```

运行结果分别为：

```
<class 'tuple'>
('数据分析与可视化',)
<class 'str'>
数据分析与可视化
```

以上运行结果表明，只有变量 a 才是元组，后面的变量 b 是一个字符串。

② 使用 tuple() 函数创建元组。除了使用（）创建元组外，Python 还提供了一个内置的函数 tuple()，用来将其他数据类型转换为元组类型。

tuple() 的语法格式如下：

```
tuple(data)
```

其中，data 表示可以转化为元组的数据，包括字符串、元组、range 对象等。

tuple() 使用示例：

```
#将字符串转换成元组
tup1 = tuple("hello")
print(tup1)


#将列表转换成元组
```

```python
list1 = ['Python', 'Java', 'C++', 'JavaScript']
tup2 = tuple(list1)
print(tup2)

#将字典转换成元组
dict1 = {'a':100, 'b':42, 'c':9}
tup3 = tuple(dict1)
print(tup3)

#将区间转换成元组
range1 = range(1, 6)
tup4 = tuple(range1)
print(tup4)

#创建空元组
print(tuple())
```

运行结果为：

```
('h', 'e', 'l', 'l', 'o')
('Python', 'Java', 'C++', 'JavaScript')
('a', 'b', 'c')
(1, 2, 3, 4, 5)
()
```

（2）Python 访问元组元素。和列表一样，可以使用索引（index）访问元组中的某个元素（得到的是一个元素的值），也可以使用切片访问元组中的一组元素（得到的是一个新的子元组）。

使用索引访问元组元素的格式为：

  tuplename[i]

其中，tuplename 表示元组名字，i 表示索引值。元组的索引可以是正数，也可以是负数。

使用切片访问元组元素的格式为：

  tuplename[start: end: step]

其中，start 表示起始索引，end 表示结束索引，step 表示步长。

示例演示,请看下面代码:

```
t= tuple("数据分析与可视化")

#使用索引访问元组中的某个元素
print(t[3])    #使用正数索引
print(t[-4])   #使用负数索引

#使用切片访问元组中的一组元素
print(t[1:8])   #使用正数切片
print(t[:8:2])  #指定步长
print(t[-6:-1]) #使用负数切片
```

运行结果为:

析
与
('据', '分', '析', '与', '可', '视', '化')
('数', '分', '与', '视')
('分', '析', '与', '可', '视')

(3) Python 修改元组。元组是不可变序列,元组中的元素不能被修改,所以只能创建一个新的元组去替代旧的元组。

例如,对元组变量进行重新赋值:

```
tup = (100, 0.5, -36, 73)
print(tup)
#对元组进行重新赋值
tup = (20,30)
print(tup)
```

运行结果为:

(100, 0.5, -36, 73)
(20,30)

另外,还可以通过连接多个元组(使用+可以拼接元组)的方式向元组中添加新元素,例如:

```
tup1 = (100, 0.5, -36, 73)
```

```
tup2 = (3+12j, -54.6, 99)
print(tup1+tup2)
print(tup1)
print(tup2)
```

运行结果为：

```
(100, 0.5, -36, 73, (3+12j), -54.6, 99)
(100, 0.5, -36, 73)
((3+12j), -54.6, 99)
```

（4）Python 删除元组。当创建的元组不再使用时，可以通过 del 关键字将其删除，例如：

```
tup = ('Python 教程',"数据分析与可视化")
print(tup)
del tup
print(tup)
```

运行结果为：

```
('Python 教程', '数据分析与可视化')
Traceback (most recent call last):
File "C:\Users\mozhiyan\Desktop\demo.py", line 4, in <module>
print(tup)
NameError: name 'tup'is not defined
```

Python 自带垃圾回收功能，会自动销毁不用的元组，所以一般不需要通过 del 来手动删除。

3）集合

Python 中的集合，和数学中的集合概念一样，用来保存不重复的元素，即集合中的元素都是唯一的，互不相同。

从形式上看，和字典类似，Python 集合会将所有元素放在一对大括号 {} 中，相邻元素之间用","分隔，如下所示：

```
{element1,element2,…,elementn}
```

其中，elementn 表示集合中的元素，个数没有限制。

从内容上看，在同一集合中，只能存储不可变的数据类型，包括整型、浮点型、字符串、元组，无法存储列表、字典、集合这些可变的数据类型，否则 Python 解释器会抛出

TypeError 错误。

需要注意的是，数据必须保证是唯一的，因为集合对于每种数据元素只会保留一份。例如：

```
>>> {1,2,1,(1,2,3),'c','c'}
{1, 2, 'c', (1, 2, 3)}
```

由于 Python 中的 set 集合是无序的，所以在每次输出时元素的排序顺序可能都不相同。

其实，Python 中有两种集合类型，一种是 set 类型的集合，另一种是 frozenset 类型的集合，它们唯一的区别是，set 类型集合可以做添加、删除元素的操作，而 frozenset 类型的集合不行。

（1）Python 创建 set 集合。Python 提供了 2 种创建 set 集合的方法，分别是使用 {} 创建和使用 set() 函数将列表、元组等类型数据转换为集合。

① 使用 {} 创建集合。在 Python 中，创建 set 集合可以像列表、元素和字典一样，直接将集合赋值给变量，从而实现创建集合的目的，其语法格式如下：

```
setname = {element1,element2,…,elementn}
```

其中，setname 表示集合的名称，起名时既要符合 Python 命名规范，也要避免与 Python 内置函数重名。

例如：

```
a = {1,'c',1,(1,2,3),'c'}
print(a)
```

运行结果为：

```
{1, 'c', (1, 2, 3)}
```

② set() 函数创建集合。set() 函数为 Python 的内置函数，其功能是将字符串、列表、元组、range 对象等可迭代对象转换成集合。该函数的语法格式如下：

```
setname=set(iteration)
```

其中，iteration 就表示字符串、列表、元组、range 对象等数据。

例如：

```
Set1 = set([1,2,3,4,5])
Set2 = set((1,2,3,4,5))
print("set1:",set1)
print("set2:",set2)
```

运行结果为：

set1: {1, 2, 3, 4, 5}

set2: {1, 2, 3, 4, 5}

注意：如果要创建空集合，只能使用 set() 函数实现。因为直接使用一对 {}，Python 解释器会将其视为一个空字典。

(2) Python 访问 set 集合元素。由于集合中的元素是无序的，因此无法像列表那样使用下标访问元素。在 Python 中，访问集合元素最常用的方法是使用循环结构，将集合中的数据逐一读取出来。

例如：

a = {1,'c',1,(1,2,3),'c'}
for ele in a:
print(ele,end='')

运行结果为：

1 c (1, 2, 3)

(3) Python 删除 set 集合。和其他序列类型一样，手动函数集合类型，也可以使用 del() 语句，例如：

a = {1,'c',1,(1,2,3),'c'}
print(a)
del(a)
print(a)

运行结果为：

{1, 'c', (1, 2, 3)}
Traceback (most recent call last):
　File "C:\Users\mengma\Desktop\1.py", line 4, in <module>
　　print(a)
NameError: name 'a'is not defined

(4) 向 set 集合中添加元素。向 set 集合中添加元素，可以使用 set 类型提供的 add() 方法实现，该方法的语法格式为：

setname.add(element)

其中，setname 表示要添加元素的集合，element 表示要添加的元素内容。

需要注意的是，使用 add() 方法添加的元素，只能是数字、字符串、元组或布尔类型（True 和 False）值，不能添加列表、字典、集合这类可变的数据，否则 Python 解释器会报 TypeError 错误。例如：

```
a = {1,2,3}
a.add((1,2))
print(a)
a.add([1,2])
print(a)
```

运行结果为：

```
{(1, 2), 1, 2, 3}
Traceback (most recent call last):
  File "C:\Users\mengma\Desktop\1.py", line 4, in <module>
    a.add([1,2])
TypeError: unhashable type: 'list'
```

（5）从 set 集合中删除元素。删除现有 set 集合中的指定元素，可以使用 remove() 方法，该方法的语法格式如下：

setname.remove(element)

使用此方法删除集合中的元素，需要注意的是，如果被删除元素本就不包含在集合中，则此方法会抛出 KeyError 错误，例如：

```
a = {1,2,3}
a.remove(1)
print(a)
a.remove(1)
print(a)
```

运行结果为：

```
{2, 3}
Traceback (most recent call last):
  File "C:\Users\mengma\Desktop\1.py", line 4, in <module>
    a.remove(1)
KeyError: 1
```

在上面程序中，由于集合中的元素 1 已被删除，因此当再次尝试使用 remove() 方法删除时，会引发 KeyError 错误。

如果我们不想在删除失败时令解释器提示 KeyError 错误，还可以使用 discard( ) 方法，此方法和 remove( ) 方法的用法完全相同，唯一的区别就是，当删除集合中的元素失败时，此方法不会抛出任何错误。

a = {1,2,3}
a.remove(1)
print(a)
a.discard(1)
print(a)

运行结果为：

{2, 3}

{2, 3}

（6）Python set 集合做交集、并集、差集运算。有 2 个集合，分别为 set1 = {1, 2, 3} 和 set2 = {3, 4, 5}，它们既有相同的元素，也有不同的元素。以这两个集合为例，分别做不同运算的结果见表 1-9。

表 1-9　Python 集合运算

运算操作	Python 运算符	含义	例子
交集	&	取两个集合公共的元素	>>> set1 & set2 {3}
并集	|	取两个集合全部的元素	>>> set1 | set2 {1, 2, 3, 4, 5}
差集	-	取一个集合中有而另一个集合中没有的元素	>>> set1 - set2 {1, 2} >>> set2 - set1 {4, 5}
对称差集	^	取集合 A 和 B 中不属于 A&B 的元素	>>> set1 ^ set2 {1, 2, 4, 5}

（7）Python set 集合的方法。前面学习了 set 集合，本节来学习 set 类型提供的方法。首先，通过 dir（set）命令可以查看它有哪些方法：

>>> dir(set)

['add', 'clear', 'copy', 'difference', 'difference_update', 'discard', 'intersection', 'intersection_update', 'isdisjoint', 'issubset', 'issuperset', 'pop', 'remove', 'symmetric_difference', 'symmetric_difference_update', 'union', 'update']

① add( ) 方法。

语法格式：set1.add( )

含义：向 set1 集合中添加数字、字符串、元组或布尔类型。

例如：

```
>>> set1 = {1,2,3}
>>> set1.add((1,2))
>>> set1
{(1, 2), 1, 2, 3}
```

② clear() 方法。

语法格式：set1.clear()

含义：清空 set1 集合中的所有元素。

例如：

```
>>> set1 = {1,2,3}
>>> set1.clear()
>>> set1
set()
#set()表示空集合,{}表示空字典
```

③ copy() 方法。

语法格式：set2 = set1.copy()

含义：复制 set1 集合给 set2。

例如：

```
>>> set1 = {1,2,3}
>>> set2 = set1.copy()
>>> set1.add(4)
>>> set1
{1, 2, 3, 4}
>>> set1
{1, 2, 3}
```

④ difference() 方法。

语法格式：set3 = set1.difference(set2)

含义：将 set1 中有而 set2 中没有的元素给 set3。

例如：

```
>>> set1 = {1,2,3}
>>> set2 = {3,4}
>>> set3 = set1.difference(set2)
>>> set3
```

{1, 2}

⑤ difference_update() 方法。

语法格式：set1.difference_update(set2)

含义：从 set1 中删除与 set2 相同的元素。

例如：

```
>>> set1 = {1,2,3}
>>> set2 = {3,4}
>>> set1.difference_update(set2)
>>> set1
{1, 2}
```

⑥ discard() 方法。

语法格式：set1.discard(elem)

含义：删除 set1 中的 elem 元素。

例如：

```
>>> set1 = {1,2,3}
>>> set1.discard(2)
>>> set1
{1, 3}
>>> set1.discard(4)
{1, 3}
```

⑦ intersection() 方法。

语法格式：set3 = set1.intersection(set2)

含义：取 set1 和 set2 的交集给 set3。

例如：

```
>>> set1 = {1,2,3}
>>> set2 = {3,4}
>>> set3 = set1.intersection(set2)
>>> set3
{3}
```

⑧ intersection_update() 方法。

语法格式：set3 = set1.intersection(set2)

含义：取 set1 和 set2 的交集给 set3。

例如：

```
>>> set1 = {1,2,3}
>>> set2 = {3,4}
>>> set1.intersection_update(set2)
>>> set1
{3}
```

⑨ isdisjoint( ) 方法。

语法格式：set1.isdisjoint(set2)

含义：判断 set1 和 set2 是否没有交集，有交集返回 False；没有交集返回 True。

例如：

```
>>> set1 = {1,2,3}
>>> set2 = {3,4}
>>> set1.isdisjoint(set2)
False
```

⑩ issubset( ) 方法。

语法格式：set1.issubset(set2)

含义：判断 set1 是否是 set2 的子集。

例如：

```
>>> set1 = {1,2,3}
>>> set2 = {1,2}
>>> set1.issubset(set2)
False
```

⑪ issuperset( ) 方法。

语法格式：set1.issuperset(set2)

含义：判断 set2 是否是 set1 的子集。

例如：

```
>>> set1 = {1,2,3}
>>> set2 = {1,2}
>>> set1.issuperset(set2)
True
```

⑫ pop( ) 方法。

语法格式：a = set1.pop()

含义：取 set1 中一个元素，并赋值给 a。

例如：

```
>>> set1 = {1,2,3}
>>> a = set1.pop()
>>> set1
{2,3}
>>> a
1
```

⑬ remove( ) 方法。

语法格式：set1.remove(elem)

含义：移除 set1 中的 elem 元素。

例如：

```
>>> set1 = {1,2,3}
>>> set1.remove(2)
>>> set1
{1, 3}
>>> set1.remove(4)
Traceback (most recent call last):
File "<pyshell#90>", line 1, in <module>
set1.remove(4)
KeyError: 4
```

⑭ symmetric_difference( ) 方法。

语法格式：set3 = set1.symmetric_difference(set2)

含义：取 set1 和 set2 中互不相同的元素，赋给 set3。

例如：

```
>>> set1 = {1,2,3}
>>> set2 = {3,4}
>>> set3 = set1.symmetric_difference(set2)
>>> set3
{1, 2, 4}
```

⑮ symmetric_difference_update( ) 方法。

语法格式：set1.symmetric_difference_update(set2)

含义：取 set1 和 set2 中互不相同的元素，并更新给 set1。

例如：

```
>>> set1 = {1,2,3}
>>> set2 = {3,4}
>>> set1.symmetric_difference_update(set2)
>>> set1
{1, 2, 4}
```

⑯ union() 方法。

语法格式：set3 = set1.union(set2)

含义：取 set1 和 set2 的并集，赋给 set3。

例如：

```
>>> set1 = {1,2,3}
>>> set2 = {3,4}
>>> set3=set1.union(set2)
>>> set3
{1, 2, 3, 4}
```

⑰ update() 方法。

语法格式：set1.update(elem)

含义：添加列表或集合中的元素到 set1。

例如：

```
>>> set1 = {1,2,3}
>>> set1.update([3,4])
>>> set1
{1,2,3,4}
```

4）字典

Python 字典（dict）是一种无序的、可变的序列，它的元素以"键值对（key-value）"的形式存储。相对的，列表（list）和元组（tuple）都是有序的序列，它们的元素在底层是挨着存放的。

字典类型是 Python 中唯一的映射类型。"映射"是数学中的术语，简单理解，它指的是元素之间相互对应的关系，即通过一个元素，可以唯一找到另一个元素。

在字典中，习惯将各元素对应的索引称为键（key），各个键对应的元素称为值（value），键及其关联的值称为"键值对"。字典类型所具有的主要特征见表 1-10。

表 1-10 Python 字典类型特征

主要特征	解释
通过键而不是通过索引来读取元素	字典类型有时也称为关联数组或散列表（hash）。它是通过键将一系列的值联系起来的，这样就可以通过键从字典中获取指定项，但不能通过索引来获取
字典是任意数据类型的无序集合	和列表、元组不同，它们通常会将索引值 0 对应的元素称为第一个元素，而字典中的元素是无序的
字典是可变的，并且可以任意嵌套	字典可以在原处增长或缩短（无须生成一个副本），并且它支持任意深度的嵌套，即字典存储的值也可以是列表或其他的字典
字典中的键必须唯一	在字典中，不支持同一个键出现多次，否则只会保留最后一个键值对
字典中的键必须不可变	在字典中每个键值对的键是不可变的，只能使用数字、字符串或元组，不能使用列表

在 Python 中的字典类型相当于 Java 或 C++中的 Map 对象。

和列表、元组一样，字典也有它自己的类型。在 Python 中，字典的数据类型为 dict，通过 type( ) 函数即可查看：

```
>>> a = {'one':1, 'two':2, 'three':3}   #a 是一个字典类型
>>> type(a)
```

运行结果：

`<class 'dict'>`

(1) Python 创建字典。创建字典的方式有很多，下面详细介绍。

① 使用 {} 创建字典。由于字典中每个元素都包含两部分，分别是键（key）和值（value），因此在创建字典时，键和值之间使用冒号:分隔，相邻元素之间使用逗号（,）分隔，所有元素都放在大括号 {} 中。

使用 {} 创建字典的语法格式如下：

`dictname = {'key':'value1', 'key2':'value2', …, 'keyn':valuen}`

其中 dictname 表示字典变量名，keyn：valuen 表示各个元素的键值对。需要注意的是，同一个字典中的各个键必须唯一，不能重复。

以下代码示范了使用花括号语法创建字典：

```
#使用字符串作为 key
scores = {'数学': 95, '英语': 92, '语文': 84}
print(scores)
```

```
#使用元组和数字作为key
dict1 = {(20, 30): 'great', 30:[1,2,3]}
print(dict1)

#创建空字典
dict2 = {}
print(dict2)
```

运行结果为：

{'数学': 95, '英语': 92, '语文': 84}

{(20, 30): 'great', 30:[1, 2, 3]}

{}

可以看到，字典的键可以是整数、字符串或元组，只要符合唯一和不可变的特性就行；字典的值可以是 Python 支持的任意数据类型。

② 通过 fromkeys() 方法创建字典。在 Python 中，还可以使用 dict 字典类型提供的 fromkeys() 方法创建带有默认值的字典，具体格式为：

dictname = dict.fromkeys(list,value=None)

其中，list 参数表示字典中所有键的列表（list）；value 参数表示默认值，如果不写，则为空值 None。

请看下面的例子：

```
knowledge = ['语文','数学','英语']
scores = dict.fromkeys(knowledge, 60)
print(scores)
```

运行结果：

{'语文': 60, '英语': 60, '数学': 60}

这种创建方式通常用于初始化字典，设置 value 的默认值。

③ 通过 dict() 映射函数创建字典。通过 dict() 函数创建字典的方法有多种，表 1-11 罗列出了常用的几种方式，它们创建的都是同一个字典 a。

表 1-11 创建字典的多种方法

创建格式	注意事项
a = dict（str1=value1, str2=value2, str3=value3）	str 表示字符串类型的键，value 表示键对应的值。当使用此方式创建字典时，字符串不能带引号

续表

创建格式	注意事项

#方式1
demo = [('two', 2), ('one', 1), ('three', 3)]
#方式2
demo = [['two', 2], ['one', 1], ['three', 3]]
#方式3
demo = (('two', 2), ('one', 1), ('three', 3))
#方式4
demo = (['two', 2], ['one', 1], ['three', 3])
a = dict (demo)
	向 dict( ) 函数传入列表或元组，而它们中的元素又各自是包含2个元素的列表或元组，其中第一个元素作为键，第二个元素作为值

keys = ['one', 'two', 'three'] #还可以是字符串或元组
values = [1, 2, 3] #还可以是字符串或元组
a = dict (zip (keys, values))
	通过应用 dict( ) 函数和 zip( ) 函数，可将前两个列表转换为对应的字典

注意：无论采用以上哪种方式创建字典，字典中各元素的键都只能是字符串、元组或数字，不能是列表。因为列表是可变的，不能作为键。

(2) Python 访问字典。列表和元组是通过下标来访问元素的，而字典则不同，它通过键来访问对应的值。因为字典中的元素是无序的，每个元素的位置都不固定，所以字典也不能像列表和元组那样，采用切片的方式一次性访问多个元素。

Python 访问字典元素的具体格式为：

dictname[key]

其中，dictname 表示字典变量的名字，key 表示键名。注意，键必须是存在的，否则会抛出异常。

```
tup = (['two',26], ['one',88], ['three',100], ['four',-59])
dic = dict(tup)
print(dic['one'])    #键存在
```

运行结果为：

```
88
Traceback (most recent call last):
    File "C:\Users\mozhiyan\Desktop\demo.py", line 4, in <module>
    print(dic['five'])    #键不存在
KeyError: 'five'int(dic['five'])    #键不存在
```

除了上面这种方式外，Python 更推荐使用 dict 类型提供的 get( ) 方法来获取指定键对应的值。当指定的键不存在时，get( ) 方法不会抛出异常。

get( ) 方法的语法格式为：

dictname.get(key[,default])

其中，dictname 表示字典变量的名字；key 表示指定的键；当 default 用于指定要查询的键不存在时，此方法返回的默认值，如果不手动指定，会返回 None。

get( ) 使用示例：

```
a = dict(two=0.65, one=88, three=100, four=-59)
print(a.get('one'))
```

运行结果为：

88

注意，当键不存在时，get( ) 返回空值 None，如果想明确地提示用户该键不存在，那么可以手动设置 get( ) 的第二个参数，例如：

```
a = dict(two=0.65, one=88, three=100, four=-59)
print(a.get('five', '该键不存在'))
```

运行结果为：

该键不存在

（3）Python 删除字典。和删除列表、元组一样，手动删除字典也可以使用 del 关键字，例如：

```
a = dict(two=0.65, one=88, three=100, four=-59)
print(a)
del a
print(a)
```

运行结果为：

```
{'two': 0.65, 'one': 88, 'three': 100, 'four': -59}
Traceback (most recent call last):
    File "C:\Users\mozhiyan\Desktop\demo.py", line 4, in <module>
        print(a)
NameError: name 'a' is not defined
```

Python 自带垃圾回收功能，会自动销毁不用的字典，所以一般不需要通过 del 来手动删除。

（4）Python 字典添加键值对。为字典添加新的键值对很简单，直接给不存在的 key 赋值即可，具体语法格式如下：

```
dictname[key] = value
```

对各个部分的说明如下：

dictname 表示字典名称；

key 表示新的键；

value 表示新的值，只要是 Python 支持的数据类型都可以。

下面代码演示了在现有字典基础上添加新元素的过程：

```
a = {'数学':95}
print(a)
#添加新键值对
a['语文'] = 89
print(a)
#再次添加新键值对
a['英语'] = 90
print(a)
```

运行结果为：

```
{'数学':95}
{'数学':95,'语文':89}
{'数学':95,'语文':89,'英语':90}
```

（5）Python 字典修改键值对。在 Python 字典中键（key）的名字不能被修改，只能修改值（value）。

字典中各元素的键必须是唯一的，因此，如果新添加元素的键与已存在元素的键相同，那么键所对应的值就会被新的值替换掉，以此达到修改元素值的目的。请看下面的代码：

```
a = {'数学':95,'语文':89,'英语':90}
print(a)
a['语文'] = 100
print(a)
```

运行结果为：

```
{'数学':95,'语文':89,'英语':90}
{'数学':95,'语文':100,'英语':90}
```

Python 字典删除键值对。如果要删除字典中的键值对，还是可以使用 del 语句。例如：

```
# 使用del语句删除键值对
a = {'数学': 95, '语文': 89, '英语': 90}
del a['语文']
del a['数学']
print(a)
```

运行结果为：

{'英语': 90}

（6）判断字典中是否存在指定键值对。如果要判断字典中是否存在指定键值对，首先应判断字典中是否有对应的键。判断字典中是否包含指定键值对的键，可以使用 in 或 not in 运算符。

需要指出的是，对于 dict 而言，in 或 not in 运算符都是基于 key 来判断的。

如以下代码：

```
a = {'数学': 95, '语文': 89, '英语': 90}
# 判断a中是否包含名为'数学'的key
print('数学' in a) # True
# 判断a中是否包含名为'物理'的key
print('物理' in a) # False
```

运行结果为：

True
False

通过 in（或 not in）运算符，可以很轻易地判断出现有字典中是否包含某个键，如果存在，由于通过键可以很轻易地获取对应的值，因此很容易就能判断出字典中是否有指定的键值对。

（7）常见的字典方法。Python 字典的数据类型为 dict，可使用 dir（dict）来查看该类型包含哪些方法，例如：

```
>>> dir(dict)
['clear', 'copy', 'fromkeys', 'get', 'items', 'keys', 'pop', 'popitem', 'setdefault', 'update', 'values']
```

① keys()、values() 和 items() 方法。将这 3 个方法放在一起介绍，是因为它们都

用来获取字典中的特定数据：

keys()方法用于返回字典中的所有键(key)；

values()方法用于返回字典中所有键对应的值(value)；

items()方法用于返回字典中所有的键值对(key-value)。

```
scores = {'数学': 95, '语文': 89, '英语': 90}
print(scores.keys())
print(scores.values())
print(scores.items())
```

运行结果为：

```
dict_keys(['数学', '语文', '英语'])
dict_values([95, 89, 90])
dict_items([('数学', 95), ('语文', 89), ('英语', 90)])
```

可以发现，keys()、values()和items()返回值的类型分别为dict_keys、dict_values和dict_items。需要注意的是，在Python 2.x中，上面3个方法的返回值都是列表（list）类型。但在Python 3.x中，它们的返回值并不是我们常见的列表或元组类型，因为Python 3.x不希望用户直接操作这几个方法的返回值。

在Python 3.x中，如果想使用这3个方法返回的数据，一般有下面两种方案：

使用list()函数，将它们返回的数据转换成列表；

使用for in 循环遍历它们的返回值。

② copy()方法。copy()方法返回一个字典的复制，也即返回一个具有相同键值对的新字典，例如：

```
a = {'one': 1, 'two': 2, 'three': [1,2,3]}
b = a.copy()
print(b)
```

运行结果为：

{'one': 1, 'two': 2, 'three': [1, 2, 3]}

可以看到，copy()方法将字典a的数据全部复制给了字典b。注意：copy()方法所遵循的复制原理，既有深复制，也有浅复制。拿复制字典a为例，copy()方法只会对最表层的键值对进行深复制，也就是说，它会再申请一块内存用来存放 {'one': 1, 'two': 2, 'three': []} ；而对于某些列表类型的值来说，此方法对其做的是浅复制，也就是说，b中的 [1, 2, 3] 的值不是自己独有，而是和a共有。

```
a = {'one': 1, 'two': 2, 'three': [1,2,3]}
b = a.copy()
#向 a 中添加新键值对,由于 b 已经提前将 a 所有键值对都深复制过来,因此 a 添加新
键值对,不会影响 b。
a['four']=100
print(a)
print(b)
#由于 b 和 a 共享[1,2,3](浅复制),因此移除 a 列表中的元素,也会影响 b。
a['three'].remove(1)
print(a)
print(b)
```

运行结果为:

```
{'one': 1, 'two': 2, 'three': [1, 2, 3], 'four': 100}
{'one': 1, 'two': 2, 'three': [1, 2, 3]}
{'one': 1, 'two': 2, 'three': [2, 3], 'four': 100}
{'one': 1, 'two': 2, 'three': [2, 3]}
```

从运行结果不难看出,对 a 增加新键值对,b 不变;而修改 a 某键值对中列表内的元素,b 也会相应改变。

③ update( ) 方法。update( ) 方法可以使用一个字典所包含的键值对来更新已有的字典。

在执行 update( ) 方法时,如果被更新的字典中已包含对应的键值对,那么原 value 会被覆盖;如果被更新的字典中不包含对应的键值对,则该键值对被添加进去。

请看下面的代码:

```
a = {'one': 1, 'two': 2, 'three': 3}
a.update({'one':4.5, 'four': 9.3})
print(a)
```

运行结果为:

```
{'one': 4.5, 'two': 2, 'three': 3, 'four': 9.3}
```

从运行结果可以看出,由于被更新的字典中已包含 key 为"one"的键值对,因此更新时该键值对的 value 将被改写;而被更新的字典中不包含 key 为"four"的键值对,所以更新时会为原字典增加一个新的键值对。

④ pop( ) 和 popitem( ) 方法。pop( ) 和 popitem( ) 都用来删除字典中的键值对,不

同的是，pop( ) 用来删除指定的键值对，而 popitem( ) 用来随机删除一个键值对，它们的语法格式如下：

```
dictname.pop(key)
dictname.popitem()
```

其中，dictname 表示字典名称，key 表示键。

下面的代码演示了两个函数的用法：

```
a = {'数学': 95, '语文': 89, '英语': 90, '化学': 83, '生物': 98, '物理': 89}
print(a)
a.pop('化学')
print(a)
a.popitem()
print(a)
```

运行结果为：

{'数学': 95, '语文': 89, '英语': 90, '化学': 83, '生物': 98, '物理': 89}
{'数学': 95, '语文': 89, '英语': 90, '生物': 98, '物理': 89}
{'数学': 95, '语文': 89, '英语': 90, '生物': 98}

⑤ setdefault( ) 方法。setdefault( ) 方法用来返回某个 key 对应的 value，其语法格式如下：

```
dictname.setdefault(key, defaultvalue)
```

说明：dictname 表示字典名称，key 表示键，defaultvalue 表示默认值（可以不写，不写的话是 None）。

当指定的 key 不存在时，setdefault( ) 会先为这个不存在的 key 设置一个默认的 defaultvalue，然后再返回 defaultvalue。

也就是说，setdefault( ) 方法总能返回指定 key 对应的 value：

如果该 key 存在，那么直接返回该 key 对应的 value；

如果该 key 不存在，那么先为该 key 设置默认的 defaultvalue，然后再返回该 key 对应的 defaultvalue。

请看以下示例代码：

```
a = {'数学': 95, '语文': 89, '英语': 90}
print(a)
#key 不存在,指定默认值
```

```
a.setdefault('物理', 94)
print(a)
#key 不存在,不指定默认值
a.setdefault('化学')
print(a)
#key 存在,指定默认值
a.setdefault('数学', 100)
print(a)
```

运行结果为:

{'数学': 95, '语文': 89, '英语': 90}
{'数学': 95, '语文': 89, '英语': 90, '物理': 94}
{'数学': 95, '语文': 89, '英语': 90, '物理': 94, '化学': None}
{'数学': 95, '语文': 89, '英语': 90, '物理': 94, '化学': None}

1.3 Python 控制语句

在默认情况下，Python 程序中的语句是按照顺序执行的，称这样的语句结构为顺序结构；另外，还需要根据特定的情况，有选择地执行某些语句，称为选择结构的语句；有时还需要按照给定的条件重复执行某些语句，这样的语句结构称为循环结构。这 3 种基本结构可以构建任意复杂的应用程序。

1.3.1 Python 条件语句

在 Python 编程中，if 语句用于控制程序的执行，基本形式为：

```
if 判断条件：
    执行语句
else:
    执行语句
```

其中当"判断条件"成立时（非零），则执行后面的语句，而执行内容可以多行，以缩进来区分表示同一范围。

else 为可选语句，当需要在条件不成立时执行内容则可以执行相关语句。

Python 程序语言指定任何非 0 和非空（null）值为 true，0 或 null 为 false。

例如：

```
a=5
if a% 2==0:
    print(a,"is even.")
else:
    print(a,"is odd.")
```

运行结果为：

```
5 is odd.
```

if 语句的判断条件可以用>（大于）、<（小于）、==（等于）、>=（大于等于）、<=（小于等于）来表示其关系。

当判断条件为多个值时，可以使用以下形式：

```
if 判断条件 1:
    执行语句 1
elif 判断条件 2:
    执行语句 2
elif 判断条件 3:
    执行语句 3
else:
    执行语句
```

例如:

编写程序,实现分段函数计算,见表 1-12。

表 1-12 分段函数计算

x	y
x<0	0
0<=x<5	x
5<=x<10	3x-5
10<=x<20	0.5x-2
20<=x	0

```
x = input('Please input x:')
x = eval(x)
if x<0 or x>=20:
    print(0)
elif 0<=x<5:
    print(x)
elif 5<=x<10:
    print(3*x-5)
elif 10<=x<20:
    print(0.5*x-2)
```

运行结果为:

```
Please input x:5
10
```

说明:如果当判断多个条件需同时判断时,可以使用 or(或),表示当两个条件有一个成立时判断条件成功;当使用 and(与)时,表示只有两个条件同时成立的情况下,判断条件才成功。

例如：已知坐标点（x，y），判断其所在的象限，代码如下。

```
x=int(input("请输入 x 的值:"))
y=int(input("请输入 y 的值:"))
if x==0 and y==0:
        print("位于原点")
elif x==0:
        print("位于 y 轴")
elif y==0:
        print("位于 x 轴")
elif x>0 and y>0:
        print("位于第一象限")
elif x<0 and y>0:
        print("位于第二象限")
elif x<0 and y<0:
        print("位于第三象限")
else:
        print("位于第四象限")
```

运行结果为：

请输入 x 的值:0

请输入 y 的值:0

位于原点

1.3.2　Python 循环语句

循环语句允许执行一个语句或语句组多次。Python 提供了 for 循环和 while 循环，while 循环在给定的判断条件为 true 时执行循环体，否则退出循环体，for 循环重复执行语句。

1. while 语句

语法格式如下：

```
while 判断条件:
      执行语句
```

执行语句可以是单个语句或语句块。判断条件可以是任何表达式，任何非零或非空（null）的值均为 true。

当判断条件为假（false）时，循环结束。

例如：

```
numbers=[1,2,3,4,5,6]
even=[]
odd=[]
while len(numbers)>0:
    number=numbers.pop()
    if number%2==0:
        even.append(number)
    else:
        odd.append(number)
print("even is:",even)
print("odd is:",odd)
```

运行结果为：

```
even is: [6, 4, 2]
odd is: [5, 3, 1]
```

如果条件判断语句永远为 true，循环将会无限地执行下去。

```
var = 1
while var == 1:  # 该条件永远为 true,循环将无限执行下去
    num = input("Enter a number :")
    print ("You entered: ", num)
```

运行结果为：

```
Enter a number:5
You entered: 5

Enter a number:6
You entered: 6

Enter a number:
```

说明：以上的无限循环可以使用 Ctrl+C 来中断循环。

在 Python 中，while … else 在循环条件为 false 时执行 else 语句块。

例如：

```
count = 0
while count < 5:
    print (count, "is less than 5")
    count = count + 1
else:
    print (count, "is not less than 5")
```

运行结果为：

```
0 is less than 5
1 is less than 5
2 is less than 5
3 is less than 5
4 is less than 5
5 is not less than 5
```

2. for 语句

在 Python 中 for 循环可以遍历任何序列的项目，如一个列表或一个字符串。

语法格式如下：

```
for iterating_var in sequence:
   statements
```

例如：

```
for letter in 'Python':     # 第一个实例
   print(letter,end=',')
print('\n')
fruits = ['banana', 'apple',  'mango']
for fruit in fruits:        # 第二个实例
   print (fruit,end=',')
```

运行结果为：

```
P,y,t,h,o,n,
banana,apple,mango,
```

例如：

打印九九乘法表

```
for i in range(1,10):
```

```
        for j in range(1,i+1):
            print("{0:1}*{1:1}={2:<2}".format(j,i,i*j),end=" ")
        print()
```

运行结果为：

```
1*1=1
1*2=2  2*2=4
1*3=3  2*3=6  3*3=9
1*4=4  2*4=8  3*4=12 4*4=16
1*5=5  2*5=10 3*5=15 4*5=20 5*5=25
1*6=6  2*6=12 3*6=18 4*6=24 5*6=30 6*6=36
1*7=7  2*7=14 3*7=21 4*7=28 5*7=35 6*7=42 7*7=49
1*8=8  2*8=16 3*8=24 4*8=32 5*8=40 6*8=48 7*8=56 8*8=64
1*9=9  2*9=18 3*9=27 4*9=36 5*9=45 6*9=54 7*9=63 8*9=72 9*9=81
```

在 Python 中，for…else 表示这样的意思，for 中的语句和普通的没有区别，else 中的语句会在循环正常执行完（for 不是通过 break 跳出而中断的）的情况下执行。

例如：

```
for num in range(10,15):        # 迭代 10 到 14 之间的数字
    for i in range(2,num):      # 根据因子迭代
        if num% i == 0:         # 确定第一个因子
            break               # 跳出当前循环
    else:                       # 循环的 else 部分
        print (num,'是一个质数')
```

运行结果为：

```
11 是一个质数
13 是一个质数
```

1.3.3 break 和 continue 语句

循环控制语句可以更改语句执行的顺序。Python 支持以下循环控制语句：

break 语句。在语句块执行过程中终止循环，并且跳出整个循环；

continue 语句。在语句块执行过程中终止当前循环，跳出该次循环，执行下一次循环；

pass 语句。pass 是空语句，表示什么都不做，是为了保持程序结构的完整性。

例如：

```
i = 1
while i < 10:
    i += 1
    if i % 2 > 0:       # 非双数时跳过输出
        continue
    print(i,end='')           # 输出双数 2、4、6、8、10
```

运行结果为:

2 4 6 8 10

例如:

```
i = 1
while 1:                # 循环条件为 1 必定成立
    print(i,end='')           # 输出 1~10
    i += 1
    if i > 10:      # 当 i 大于 10 时跳出循环
        break
```

运行结果为:

1 2 3 4 5 6 7 8 9 10

1.4 函数

函数是一段具有特定功能的、可重用的语句组。函数最主要的目的是将代码封装起来。有两类函数，一类是系统定义好的内置函数，另一类是用户自定义函数。如之前用过的 input( )、print( )、range( )、len( ) 等函数，这些都是 Python 的内置函数，可以直接使用。

除了可以直接使用的内置函数外，Python 还支持自定义函数，即将一段有规律的、可重复使用的代码定义成函数，从而达到一次编写、多次调用的目的。

1. 定义和调用函数

在 Python 中，定义函数的语法如下：

def 函数名([参数列表]):
　　'''注释'''
　　函数体

在 Python 中，使用 def 关键字来定义函数，然后是一个空格和函数名称，接下来是一对括号，括号内是形式参数列表，如果有多个参数，使用逗号隔开，括号之后是一个冒号和换行，之后是注释和函数体代码。注意，在创建函数时，即使函数不需要参数，也必须保留一对空的"( )"，否则 Python 解释器将提示"invaild syntax"错误。例如，定义一个函数，打印斐波那契数列中小于参数 n 的所有值。

```
Def fib(n):
    a,b=1,1
    while a<n:
      print(a,end=")
      a,b=b,a+b
    print()
```

函数定义好以后，就可以调用该函数了，调用函数也就是执行函数。如果把创建的函数理解为一个具有某种用途的工具，那么调用函数就相当于使用该工具。函数调用的基本语法格式如下：

[返回值] = 函数名([形参值])

其中，函数名指的是要调用的函数的名称；形参值指的是当初创建函数时要求传入的各个形参的值。如果该函数有返回值，可以通过一个变量来接收该值，当然也可以不接收。

需要注意的是，创建函数有多少个形参，那么调用时就需要传入多少个值，且顺序必须和创建函数时一致。即便该函数没有参数，函数名后的小括号也不能省略。

例如，可以调用上面创建的函数，调用方式为：

Fib(100)

运行结果为：

1 1 2 3 5 8 13 21 34 55 89

其中，fib 定义中的 n，和 fib 调用中的 100，分别称为形式参数和实际参数。接下来介绍函数参数。

2. 函数参数

在通常情况下，当定义函数时都会选择有参数的函数形式，函数参数的作用是传递数据给函数，令其对接收的数据做具体的操作处理。

形式参数：在定义函数时，函数名后面括号中的参数就是形式参数，如 fib 定义中的 n。

实际参数：在调用函数时，函数名后面括号中的参数称为实际参数，也就是函数的调用者给函数的参数，如 fib 调用中的 100。

3. lambda 表达式

lambda 表达式，又称匿名函数，是现代各种编程语言争相引入的一种语法，其功能堪比函数，设计却比函数简洁。如果说函数是命名的、便于复用的代码块，那么 lambda 表达式则是功能更灵活的代码块，它可以在程序中被传递和调用。

lambda 表达式的语法格式为：

lambda [parameter_ list]：表达式

lambda 表达式的语法格式有两个要点：

lambda 表达式必须使用 lambda 关键字定义；

在 lambda 关键字之后、冒号左边为参数列表，可不带参数，也可有多个参数。若有多个参数，则参数间用逗号隔开，冒号右边为 lambda 表达式的返回值。

lambda 表达式的本质是匿名的、单行函数体的函数，故 lambda 表达式可以写成函数的形式。例如，对于以下 lambda 表达式：

lambda x , y : x + y

改写为函数形式如下：

def add(x, y):return x + y

lambda 表达式作为 map() 函数的参数：

```
x=map(lambda x:x*x,range(10))
for e in x:
    print(e,end=' ')
```

运行结果为：

0 1 4 9 16 25 36 49 64 81

1.4.1 值传递与引用传递

在 Python 中，根据实际参数的类型不同，函数参数的传递方式可分为 2 种，分别为值传递与引用（地址）传递：

值传递：适用于实参类型为不可变类型（字符串、数字、元组）；

引用（地址）传递：适用于实参类型为可变类型（列表，字典）。

值传递与引用传递的区别是，函数参数进行值传递后，若形参的值发生改变，不会影响实参的值；而函数参数继续引用传递后，改变形参的值，实参的值也会一同改变。

例如，定义一个名为 demo 的函数，分别为传入一个字符串类型的变量（代表值传递）和列表类型的变量（代表引用传递），代码如下：

```
def demo(obj):
    obj += obj
    print("形参值为:",obj)
print("-------值传递-----")
a = "数据分析与可视化"
print("a 的值为:",a)
demo(a)
print("实参值为:",a)
print("-----引用传递-----")
a = [1,2,3]
print("a 的值为:",a)
demo(a)
print("实参值为:",a)
```

运行结果为：

-------值传递-----

a 的值为:数据分析与可视化

形参值为:数据分析与可视化数据分析与可视化

实参值为:数据分析与可视化

-----引用传递-----

a 的值为:[1,2,3]

形参值为:[1,2,3,1,2,3]

实参值为:[1,2,3,1,2,3]

分析运行结果不难看出,在执行值传递时,改变形式参数的值,实际参数并不会发生改变;而在进行引用传递时,改变形式参数的值,实际参数也会发生同样的改变。

1.4.2 位置参数

位置参数,有时也称必备参数,指的是必须按照正确的顺序将实际参数传到函数中,换句话说,当调用函数时传入实际参数的数量和位置都必须和定义函数时保持一致。

在调用函数时,指定的实际参数的数量,必须和形式参数的数量一致(传多传少都不行),否则 Python 解释器会抛出 TypeError 异常,并提示缺少必要的位置参数。

例如:

```
def area(width,height):
    return width * height


#当调用 area 函数时,只给出一个参数会引发错误
print(area(5))
```

运行结果为:

```
Traceback (most recent call last):
  File "C:/Users/LXL/AppData/Local/Programs/Python/Python37 - 32/area.py ", line 5, in <module>
    print(area(5))
TypeError: area() missing 1 required positional argument: 'height'
```

1.4.3 关键字参数

关键字参数是指使用形式参数的名字来确定输入的参数值。当通过此方式指定函数实参时,不再需要与形参的位置完全一致,只要将参数名写正确即可。因此,Python 函数的参数名应该具有更好的语义,这样程序可以立刻明确传入函数的每个参数的含义。

例如：

```
def area(width,height):
    return width * height


print(area(height=5,width=4))
```

运行结果为：

20

可以看到，在调用有参函数时，既可以根据位置参数来调用，也可以使用关键字参数来调用。在使用关键字参数调用时，可以任意调换参数传参的位置。

在调用函数时如果不指定某个参数，Python 解释器会抛出异常。为了解决这个问题，Python 允许为参数设置默认值，即在定义函数时，直接给形式参数指定一个默认值。这样的话，即便在调用函数时没有给拥有默认值的形参传递参数，该参数可以直接使用在定义函数时设置的默认值。

Python 定义带有默认值参数的函数，其语法格式如下：

  def 函数名(…,形参名,形参名=默认值)：
    代码块

注意：在使用此格式定义函数时，指定有默认值的形式参数必须在所有没默认值参数的最后，否则会产生语法错误。例如：

```
def area(width,height=4):
    return width * height


print(area(5))
```

运行结果为：

20

1.4.4 可变长度参数

可变长度参数在定义函数时主要有两种方式：*parameter 和 **parameter，前者用来接收任意多个参数并将其放在一个元组中，后者接收类似于关键参数一样显式赋值形式的多个实参并将其放入字典中。例如：

```
def demo( * p):
    print(p)
```

```
demo(1,2,3)
demo(1,2,3,4,5,6)
```

运行结果为:

```
(1, 2, 3)
(1, 2, 3, 4, 5, 6)
def demo(**p):
    for item in p.items():
        print(item)

demo(x=1,y=2,z=3)
```

运行结果为:

```
('x', 1)
('y', 2)
('z', 3)
```

1.4.5 函数的返回值

在 Python 中,当用 def 语句创建函数时,可以用 return 语句指定应该返回的值,该返回值可以是任意类型。需要注意的是,return 语句在同一函数中可以出现多次,但只要有一个得到执行,就会直接结束函数的执行。

在函数中,使用 return 语句的语法格式如下:

return[返回值]

其中,返回值参数可以指定,也可以省略不写(将返回空值 None)。

例如:

```
def add(a,b):
    c = a + b
    return c
#函数赋值给变量
c = add(5,4)
print(c)
```

运行结果为:

9

1.4.6 变量的作用域

所谓作用域（scope），就是变量的有效范围，也即变量可以在哪个范围以内使用。有些变量可以在整段代码的任意位置使用，有些变量只能在函数内部使用，有些变量只能在 for 循环内部使用。变量的作用域由变量的定义位置决定，在不同位置定义的变量，它的作用域是不一样的。本节只讲解两种变量——局部变量和全局变量。

1. Python 局部变量

在函数内部定义的变量，它的作用域也仅限于函数内部，出了函数就不能使用了，将这样的变量称为局部变量（local variable）。

要知道，当函数被执行时，Python 会为其分配一块临时的存储空间，所有在函数内部定义的变量，都会存储在这块空间中。而在函数执行完毕后，这块临时存储空间随即会被释放并回收，该空间中存储的变量自然也就无法再被使用。

```
def add():
    a=3
    b=4
    return a+b

print(add())
print(a)
```

运行结果为：

```
7
Traceback (most recent call last):
  File "C:/Users/LXL/AppData/Local/Programs/Python/Python37-32/hello.py", line 7, in <module>
    print(a)
NameError: name 'a' is not defined
```

从运行结果可以看出，在函数内部定义的变量 a 只在函数 add() 中有效，在 add() 之外对变量 a 的引用无效。Python 解释器会报 NameError 错误，并提示我们没有定义要访问的变量，这也证实了当函数执行完毕后，其内部定义的变量会被销毁并回收。

2. Python 全局变量

除了在函数内部定义变量，Python 还允许在所有函数的外部定义变量，这样的变量称为全局变量（Global Variable）。

和局部变量不同，全局变量的默认作用域是整个程序，即全局变量既可以在各个函数的外部使用，也可以在各函数内部使用。

定义全局变量的方式有以下 2 种：

在函数体外定义的变量，一定是全局变量；

在函数体内定义全局变量，即使用 global 关键字对变量进行修饰后，该变量就会变为全局变量。

例如：

```
add = "数据分析与可视化"
def text():
    print("函数体内访问:",add)
text()
print('函数体外访问:',add)
```

运行结果为：

函数体内访问：数据分析与可视化

函数体外访问：数据分析与可视化

```
def text():
    global add
    add= "数据分析与可视化"
    print("函数体内访问:",add)
text()
print('函数体外访问:',add)
```

运行结果为：

函数体内访问：数据分析与可视化

函数体外访问：数据分析与可视化

1.5 文件操作

Python 提供了必要的函数和方法进行默认情况下的文件基本操作。可以用 file 对象做大部分的文件操作。Python 对文件的操作通常按照以下 3 个步骤进行。

（1）使用 open() 函数打开文件，返回一个 file 对象。
（2）使用 file 方法对文件进行读/写操作。
（3）使用 close() 方法关闭文件。

1.5.1 打开文件

先用 Python 内置的 open() 函数打开一个文件，创建一个 file 对象，相关的方法才可以调用它进行读写。

语法格式如下：

file object = open(file_name [, access_mode][, buffering])

各个参数的细节如下：

file_name：变量是一个包含了要访问的文件名称的字符串值。

access_mode：决定了打开文件的模式——只读、写入、追加等。这个参数是非强制的，默认文件访问模式为只读（r）。

buffering：如果 buffering 的值被设为 0，就不会有寄存。如果 buffering 的值取 1，当访问文件时会寄存行。如果将 buffering 的值设为大于 1 的整数，表明了这就是寄存区的缓冲大小。如果取负值，寄存区的缓冲大小则为系统默认。

open() 函数的 access_mode 参数的常用值见表 1-13。

表 1-13　open() 函数的 access_mode 参数的常用值

+	打开一个文件进行更新（可读可写）
r	以只读方式打开文件。文件的指针将会放在文件的开头。这是默认模式
w	打开一个文件只用于写入。如果该文件已存在则打开文件，并从开头开始编辑，即原有内容会被删除。如果该文件不存在，创建新文件
a	打开一个文件用于追加。如果该文件已存在，文件指针将会放在文件的结尾。也就是说，新的内容将会被写入到已有内容之后。如果该文件不存在，创建新文件进行写入

续表

w+	打开一个文件用于读写。如果该文件已存在则打开文件，并从开头开始编辑，即原有内容会被删除。如果该文件不存在，创建新文件
r+	打开一个文件用于读写。文件指针将会放在文件的开头
a+	打开一个文件用于读写。如果该文件已存在，文件指针将会放在文件的结尾。文件打开时会是追加模式。如果该文件不存在，创建新文件用于读写
b	二进制模式

一个文件被打开后，拥有一个 file 对象，可以得到有关该文件的各种信息。

例如：

```
# 打开一个文件
fo = open("foo.txt", "w")
print ("文件名: ", fo.name)
print ("是否已关闭: ", fo.closed)
print ("访问模式: ", fo.mode)
```

运行结果为：

文件名：foo.txt
是否已关闭：False
访问模式：w

1.5.2 读取文件

read() 方法是从一个打开的文件中读取一个字符串。需要重点注意的是，Python 字符串可以是二进制数据，而不仅仅是文字。

语法格式如下：

```
fileObject.read([count])
```

在这里，被传递的参数是要从已打开文件中读取的字节计数。该方法从文件的开头开始读入，如果没有传入 count，它会尝试尽可能多地读取更多的内容，很可能是直到文件的末尾。

例如：

```
# 打开一个文件
fo = open("foo.txt", "r+")
str = fo.read()
print ("读取的字符串是: " +str)
# 关闭打开的文件
```

fo.close()

运行结果为：

读取的字符串是：Python 数据分析与可视化

1.5.3 写文件

write() 方法可将任何字符串写入一个打开的文件。需要重点注意的是，Python 字符串可以是二进制数据，而不仅仅是文字。

write() 方法不会在字符串的结尾添加换行符 ('\n')：

语法格式如下：

fileObject.write(string)

在这里，被传递的参数是要写入到已打开文件的内容。

例如：

打开一个文件

fo = open("foo.txt", "w")

fo.write("Python 数据分析与可视化\n")

关闭打开的文件

fo.close()

上述方法会创建 foo.txt 文件，并将收到的内容写入该文件，最终关闭文件。如果打开这个文件，将看到以下内容：

Python 数据分析与可视化

1.5.4 关闭文件

file 对象的 close() 方法刷新缓冲区里任何还没写入的信息，并关闭该文件，这之后便不能再进行写入。

当一个文件对象的引用被重新指定给另一个文件时，Python 会关闭之前的文件。用 close() 方法关闭文件是一个很好的习惯。

语法格式如下：

fileObject.close()

例如：

打开一个文件

```
fo = open("foo.txt", "w")
```

```
# 关闭打开的文件
fo.close()
```

1.5.5 文件定位

tell()方法表明文件内的当前位置,换句话说,下一次的读写会发生在文件开头这么多字节之后。

seek(offset [, from])方法改变当前文件的位置。offset 变量表示要移动的字节数。from 变量指定开始移动字节的参考位置。

如果 from 被设为 0,这意味着将文件的开头作为移动字节的参考位置。如果设为 1,则使用当前的位置作为参考位置。如果它被设为 2,那么该文件的末尾将作为参考位置。

例如:

```
# 打开一个文件
fo = open("foo.txt", "r+")
str = fo.read(10)
print ("读取的字符串是: ", str)

# 查找当前位置
position = fo.tell()
print ("当前文件位置: ", position)

# 把指针再次重新定位到文件开头
position = fo.seek(0, 1)
str = fo.read(10)
print ("重新读取字符串: ", str)
# 关闭打开的文件
fo.close()
```

运行结果为:

读取的字符串是:Python 数据分析

当前文件位置:14

重新读取字符串:与可视化

第2章　Python数据分析

　　NumPy（Numerical Python）是开源的 Python 语言的一个扩展程序库，主要的功能是支持大量的维度数组与矩阵运算，此外，也针对数组运算提供大量的数学函数库，是科学计算和深度学习等高端领域的必备工具。

　　NumPy 的前身 Numeric 最早是由 Jim Hugunin 与其他协作者共同开发的，2005 年，Travis Oliphant 在 Numeric 中结合了另一个同性质的程序库 Numarray 的特色，并加入了其他扩展而开发了 NumPy。NumPy 为开放源代码并且由许多协作者共同维护开发。

　　NumPy 的核心算法都是由 C 语言编写，所以是一个运行速度非常快的数学库，主要用于数组计算，包含：

◇ 一个强大的 n 维数组对象 ndarray；
◇ 广播功能函数；
◇ 整合 C/C++/Fortran 代码的工具；
◇ 线性代数、傅里叶变换、随机数生成等功能。

2.1 NumPy 数值计算基础

NumPy 中数据类型是：N 维数组对象 ndarray，它是一系列同类型数据的集合，以 0 下标为开始进行集合中元素的索引。

Python 有列表类型可以存放多维的数据，为什么需要 ndarray 类型呢？

例如：

a=[10,90,109,98,97,89,80]
b=[54,47,11,43,77,86,82]

要计算 a2+b3

```
c=[]
for i in range(len(a)):
c.append(a[i]**2+b[i]**3)
```

采用 NumPy 去解决：

```
import numpy as np
a=np.array(a)    #把列表 a 强制转换成数组类型
b=np.array(b)    #把列表 b 强制转换成数组类型
c=a**2+b**3
```

传统方法：用循环的方法，采用数据遍历的形式去解决问题。

NumPy 的思路：只把数组当成普通的数据去做，无须考虑是几维的，只要参加运算的数据是相同维度的，就不需要使用循环直接计算。

2.1.1 NumPy 创建数组

1. 创建一个 ndarray

想要创建一个 ndarray，只需调用 NumPy 的 array 函数即可：

numpy.array(object, dtype=None, copy=True, order=None, subok=False, ndmin=0)

参数说明见表 2-1。

表 2-1　array 函数参数说明

参数	描述
object	数组或嵌套的数列
dtype	数组元素的数据类型，可选
copy	对象是否需要复制，可选
order	创建数组的样式，C 为行方向，F 为列方向，A 为任意方向（默认）
subok	默认返回一个与基类类型一致的数组
ndmin	指定生成数组的最小维度

例如：

```
import numpy as np
a=np.array([1,2,3])
print (a)
```

运行结果为：

[1, 2, 3]

例如：

```
#多于一个维度
import numpy as np
a=np.array([[1, 2], [3, 4]])
print (a)
```

运行结果如下：

[[1, 2]
 [3, 4]]

例如：

```
# dtype 参数
import numpy as np
a=np.array([1, 2, 3], dtype=complex)
print (a)
```

运行结果为：

[1.+0.j, 2.+0.j, 3.+0.j]

2. numpy.empty 创建数组

numpy.empty 方法用来创建一个指定形状（shape）、数据类型（dtype）且未初始化的数组：

```
numpy.empty(shape, dtype=float, order='C')
```

参数说明见表2-2。

表2-2 empty 函数参数说明

参数	描述
shape	数组形状
dtype	数据类型，可选
order	有"C"和"F"两个选项，分别代表行优先和列优先，在计算机内存中存储元素的顺序

例如：

```
import numpy as np
x=np.empty([3,2], dtype=int)
print(x)
```

输出结果为：

```
[[ 6917529027641081856  5764616291768666155]
 [ 6917529027641081859 -5764598754299804209]
 [          4497473538       844429428932120]]
```

注意：数组元素为随机值，因为它们未初始化。

3. numpy.zeros 创建数组

numpy.zeros 创建指定大小的数组，数组元素以 0 来填充：

```
numpy.zeros(shape, dtype=float, order='C')
```

参数说明见表2-3。

表2-3 zeros 函数参数说明

参数	描述
shape	数组形状
dtype	数据类型，可选
order	'C'用于C的行数组，或者'F'用于FORTRAN的列数组

例如：

```
import numpy as np

# 默认为浮点数
```

```
x=np.zeros(5)
print(x)

# 设置类型为整数
y=np.zeros((5,), dtype=np.int)
print(y)

# 自定义类型
z=np.zeros((2,2), dtype=[('x', 'i4'), ('y', 'i4')])
print(z)
```

运行结果为:

```
[0. 0. 0. 0. 0.]
[0 0 0 0 0]
[[(0, 0) (0, 0)]
 [(0, 0) (0, 0)]]
```

4. numpy.ones 创建数组

numpy.ones 创建指定形状的数组,数组元素以 1 来填充:

`numpy.ones(shape, dtype=None, order='C')`

参数说明见表 2-4。

表 2-4 ones 函数参数说明

参数	描述
shape	数组形状
dtype	数据类型,可选
order	'C' 用于 C 的行数组,或者 'F' 用于 FORTRAN 的列数组

例如:

```
import numpy as np

# 默认为浮点数
x=np.ones(5)
print(x)
```

```
# 自定义类型
x=np.ones([2,2],dtype=int)
print(x)
```

运行结果为:

[1. 1. 1. 1. 1.]

[[1 1]

 [1 1]]

5. numpy.asarray 创建数组

numpy.asarray 从已有的数组创建数组,类似 numpy.array,但 numpy.asarray 参数只有 3 个,比 numpy.array 少两个。

numpy.asarray(a, dtype=None, order=None)

参数说明见表 2-5。

表 2-5 asarray 函数参数说明

参数	描述
a	任意形式的输入参数,可以是列表、列表的元组、元组、元组的元组、元组的列表、多维数组
dtype	数据类型,可选
order	可选,有"C"和"F"两个选项,分别代表行优先和列优先,在计算机内存中的存储元素的顺序

例如:

```
import numpy as np

x=[1,2,3]    将列表转化为 ndarray
a=np.asarray(x)
print(a)
```

运行结果为:

[1 2 3]

例如:

```
import numpy as np

x=(1,2,3)
```

```
a=np.asarray(x)    #将元组转换为 ndarray
print(a)
```

运行结果为:

[1 2 3]

6. numpy.fromiter 建立对象

numpy.fromiter 方法从可迭代对象中建立 ndarray 对象,返回一维数组。

numpy.fromiter(iterable, dtype, count=-1)

参数说明见表 2-6。

表 2-6 fromiter 函数参数说明

参数	描述
iterable	可迭代对象
dtype	返回数组的数据类型
count	读取的数据数量,默认为-1,读取所有数据

例如:

```
import numpy as np

#使用 range 函数创建列表对象
list=range(5)
it=iter(list)

#使用迭代器创建 ndarray
x=np.fromiter(it, dtype=float)
print(x)
```

运行结果为:

[0. 1. 2. 3. 4.]

7. 使用 arange 函数创建数值范围

在 numpy 包中使用 arange 函数创建数值范围并返回 ndarray 对象,函数格式如下:

numpy.arange(start, stop, step, dtype)

根据 start 与 stop 指定的范围及 step 设定的步长,生成一个 ndarray。

参数说明见表 2-7。

表 2-7　arange 函数参数说明

参数	描述
start	起始值，默认为 0
stop	终止值（不包含）
step	步长，默认为 1
dtype	返回 ndarray 的数据类型，如果没有提供，则会使用输入数据的类型

例如：

```
import numpy as np
x=np.arange(5)
print(x)
```

运行结果为：

[0 1 2 3 4]

例如：

```
import numpy as np
x=np.arange(10,20,2)
print(x)
```

输出结果为：

[10 12 14 16 18]

8. numpy.linspace 函数创建一维数组

numpy.linspace 函数用于创建一个一维数组，数组是一个等差数列构成的，格式如下：

np.linspace(start, stop, num=50, endpoint=True, retstep=False, dtype=None)

参数说明见表 2-8。

表 2-8　linspace 函数参数说明

参数	描述
start	序列的起始值
stop	序列的终止值，如果 endpoint 为 true，该值包含于数列中
num	要生成的等步长的样本数量，默认为 50
endpoint	当该值为 true 时，数列中包含 stop 值，反之不包含，默认是 True
retstep	如果当值为 True 时，生成的数组中会显示间距，反之不显示
dtype	ndarray 的数据类型

例如:

```
import numpy as np
a=np.linspace(1,10,10)
print(a)
```

运行结果为:

[1. 2. 3. 4. 5. 6. 7. 8. 9. 10.]

例如:

```
import numpy as np
a=np.linspace(10,20,5,endpoint=False)
print(a)
```

运行结果为:

[10. 12. 14. 16. 18.]

9. numpy.logspace 函数创建等比数列

numpy.logspace 函数用于创建一个等比数列。格式如下:

np.logspace(start, stop, num=50, endpoint=True, base=10.0, dtype=None)

base 参数的意思是取对数 log 的底数。

参数说明见表 2-9。

表 2-9 logspace 函数参数说明

参数	描述
start	序列的起始值为: base ** start
stop	序列的终止值为: base ** stop。如果 endpoint 为 true,该值包含于数列中
num	要生成的等步长的样本数量,默认为 50
endpoint	当该值为 true 时,数列中包含 stop 值,反之不包含,默认是 True
base	对数 log 的底数
dtype	ndarray 的数据类型

例如:

```
import numpy as np
a=np.logspace(0,9,10,base=2)    # 将对数的底数设置为 2
print(a)
```

运行结果为：

[1. 2. 4. 8. 16. 32. 64. 128. 256. 512.]

2.1.2 NumPy 切片和索引

ndarray 对象的内容可以通过索引或切片来访问和修改，与 Python 中 list 的切片操作一样。

1. ndarray 数组索引

ndarray 数组可以基于 0-n 的下标进行索引，切片对象可以通过内置的 slice 函数，并设置 start, stop 及 step 参数进行，从原数组中切割出一个新数组。

例如：

import numpy as np
a=np.arange(10)
s=slice(2,7,2)   #从索引 2 开始到索引 7 停止,间隔为 2
print (a[s])

运行结果为：

[2 4 6]

2. 切片

也可以通过冒号分隔切片参数 start：stop：step 来进行切片操作。

例如：

import numpy as np
a=np.arange(10)
b=a[2:7:2]   #从索引 2 开始到索引 7 停止,间隔为 2
print(b)

运行结果为：

[2 4 6]

说明：如果只放置一个参数，如 [2]，将返回与该索引相对应的单个元素。如果为 [2:]，表示从该索引开始以后的所有项都将被提取。如果使用了两个参数，如 [2：7]，那么则提取两个索引（不包括停止索引）之间的项。

3. 多维数组索引提取

例如：

import numpy as np

```
a=np.array([[1,2,3],[3,4,5],[4,5,6]])
print(a)
print('从数组索引 a[1:] 处开始切割') # 从某个索引处开始切割
print(a[1:])
```

输出结果为：

```
[[1 2 3]
 [3 4 5]
 [4 5 6]]
从数组索引 a[1:] 处开始切割
[[3 4 5]
 [4 5 6]]
```

4. 整数数组索引

以下实例获取数组中 (0, 0), (1, 1) 和 (2, 0) 位置处的元素。

例如：

```
import numpy as np
x=np.array([[1, 2],[3, 4],[5, 6]])
y=x[[0,1,2],[0,1,0]]
print (y)
```

运行结果为：

```
[1  4  5]
```

5. 通过布尔数组索引

可以通过一个布尔数组来索引目标数组。布尔索引通过布尔运算（如比较运算符）来获取符合指定条件的元素的数组。以下实例获取大于 5 的元素。

例如：

```
import numpy as np
x=np.array([[0, 1, 2],[3, 4, 5],[6, 7, 8],[9, 10, 11]])
print ('数组是:')
print (x)
print ('\n')
# 打印出大于 5 的元素
print('大于 5 的元素是:')
print(x[x>5])
```

运行结果为：

数组是：

[[0 1 2]
 [3 4 5]
 [6 7 8]
 [9 10 11]]

大于 5 的元素是：
[6 7 8 9 10 11]

以下实例演示如何从数组中过滤掉非复数元素。

例如：

```
import numpy as np
a=np.array([1, 2+6j, 5, 3.5+5j])
print (a[np.iscomplex(a)])
```

运行结果为：

[2.0+6.j 3.5+5.j]

6. 花式索引

花式索引根据索引数组的值作为目标数组的某个轴的下标来取值。对于使用一维整型数组作为索引，如果目标是一维数组，那么索引的结果就是对应位置的元素；如果目标是二维数组，那么就是对应下标的行。花式索引跟切片不一样，它总是将数据复制到新数组中。

例如：

```
import numpy as np
x=np.arange(32).reshape((8,4))
print (x[[4,2,1,7]])
```

运行结果为：

[[16 17 18 19]
 [8 9 10 11]
 [4 5 6 7]
 [28 29 30 31]]

例如：

import numpy as np

```
x=np.arange(32).reshape((8,4))
print(x[np.ix_([1,5,7,2],[0,3,1,2])])
```

输出结果为：

```
[[ 4  7  5  6]
 [20 23 21 22]
 [28 31 29 30]
 [ 8 11  9 10]]
```

2.1.3 NumPy 数组运算

1. NumPy 广播

广播（broadcast）是 NumPy 对不同形状（shape）的数组进行数值计算的方式，对数组的算术运算通常在相应的元素上进行。如果两个数组 a 和 b 形状相同，即满足 a.shape==b.shape，那么 a*b 的结果就是 a 与 b 数组对应位相乘。这要求维数相同，且各维度的长度相同。当运算中的 2 个数组的形状不同时，NumPy 将自动触发广播机制。

例如：

```
import numpy as np
a=np.array([1,2,3,4])
b=np.array([10,20,30,40])
c=a*b
print(c)
```

运行结果为：

[10 40 90 160]

例如：

```
import numpy as np
a=np.array([[ 0, 0, 0],
            [10,10,10],
            [20,20,20],
            [30,30,30]])
b=np.array([1,2,3])
print(a+b)
```

运行结果为：

```
[[ 1  2  3]
 [11 12 13]
 [21 22 23]
 [31 32 33]]
```

说明：4×3 的二维数组 a 与长为 3 的一维数组 b 相加，等效于把数组 b 在二维上重复 4 次再运算。

广播的规则如下：

（1）让所有输入数组都向其中形状最长的数组看齐，形状中不足的部分都通过在前面加 1 补齐。

（2）输出数组的形状是输入数组形状的各个维度上的最大值。

（3）如果输入数组的某个维度和输出数组的对应维度的长度相同或当其长度为 1 时，这个数组能够用来计算，否则出错。

（4）当输入数组的某个维度的长度为 1 时，在沿着此维度运算时都用此维度上的第一组值。

2. NumPy 迭代数组

NumPy 迭代器对象 numpy.nditer 提供了一种灵活访问一个或多个数组元素的方式。迭代器最基本的任务是可以完成对数组元素的访问。接下来使用 arange( ) 函数创建一个 2×3 数组，并使用 nditer 对它进行迭代。

```python
import numpy as np

a=np.arange(6).reshape(2,3)
print('原始数组是:')
print (a)
print('\n')
print('迭代输出元素:')
for x in np.nditer(a):
    print (x, end="," )
print ('\n')
```

运行结果为：

原始数组是：

```
[[0 1 2]
 [3 4 5]]
```

迭代输出元素：

0, 1, 2, 3, 4, 5,

也可以控制遍历顺序，语法如下：

for x in np.nditer(a, order='F'):Fortran order,即为列序优先；
for x in np.nditer(a.T, order='C'):C order,即为行序优先；

例如：

```
import numpy as np

a=np.arange(0,60,5)
a=a.reshape(3,4)
print ('原始数组是:')
print (a)
print ('\n')
print ('以 C 风格顺序排序:')
for x in np.nditer(a, order ='C'):
    print (x, end=", ")
print ('\n')
print ('以 F 风格顺序排序:')
for x in np.nditer(a, order = 'F'):
    print (x, end=", ")
```

输出结果为：

原始数组是:
[[0 5 10 15]
 [20 25 30 35]
 [40 45 50 55]]
以 C 风格顺序排序:
0, 5, 10, 15, 20, 25, 30, 35, 40, 45, 50, 55,
以 F 风格顺序排序:
0, 20, 40, 5, 25, 45, 10, 30, 50, 15, 35, 55,

2.2 NumPy 数学与算术函数

2.2.1 数组函数

NumPy 中包含了一些函数用于处理数组,大概可分为以下几类:
- 修改数组形状;
- 翻转数组;
- 修改数组维度;
- 连接数组;
- 分割数组;
- 数组元素的添加与删除。

1. 修改数组形状

修改数组形状的函数见表 2-10。

表 2-10 修改数组形状函数

函数	描述
reshape	在不改变数据的条件下修改形状
flat	数组元素迭代器
flatten	返回一份数组复制,对复制所做的修改不会影响原始数组
ravel	返回展开数组

numpy.reshape 函数可以在不改变数据的条件下修改形状,格式如下:

numpy.reshape(arr, newshape, order='C')

arr:要修改形状的数组

newshape:整数或整数数组,新的形状应当兼容原有形状

order:'C'-- 按行,'F'-- 按列,'A'-- 原顺序,'k'-- 元素在内存中的出现顺序。

例如:

import numpy as np

a = np.arange(8)
print ('原始数组:')

```
print (a)
print ('\n')

b=a.reshape(4,2)
print ('修改后的数组:')
print (b)
```

运行结果为:

原始数组:

[0 1 2 3 4 5 6 7]

修改后的数组:

[[0 1]

 [2 3]

 [4 5]

 [6 7]]

numpy.ndarray.flat 是一个数组元素迭代器,实例如下:

```
import numpy as np

a=np.arange(9).reshape(3,3)
print ('原始数组:')
for row in a:
    print (row)
#对数组中每个元素都进行处理,可以使用flat属性,该属性是一个数组元素迭代器:
print ('迭代后的数组:')
for element in a.flat:
    print (element)
```

输出结果为:

原始数组:

[0 1 2]

[3 4 5]

[6 7 8]

迭代后的数组:

0

1
2
3
4
5
6
7
8

numpy.ndarray.flatten 返回一份数组拷贝，对拷贝所做的修改不会影响原始数组，格式如下：

ndarray.flatten(order='C')

参数说明：

order：'C' -- 按行，'F' -- 按列，'A' -- 原顺序，'K' -- 元素在内存中的出现顺序。

例如：

```
import numpy as np

a = np.arange(8).reshape(2,4)

print ('原数组：')
print (a)
print ('\n')
# 默认按行

print ('展开的数组：')
print (a.flatten())
print ('\n')

print ('以 F 风格顺序展开的数组：')
print (a.flatten(order='F'))
```

运行结果为：

原数组：
[[0 1 2 3]

[4 5 6 7]]

展开的数组：

[0 1 2 3 4 5 6 7]

以 F 风格顺序展开的数组：

[0 4 1 5 2 6 3 7]

numpy.ravel() 展平的数组元素，顺序通常是"C 风格"，返回的是数组视图（view，有点类似 C/C++引用 reference 的意味），修改会影响原始数组。

该函数接收两个参数：

numpy.ravel(a, order='C')

参数说明：

order:'C'-- 按行，'F'-- 按列，'A'-- 原顺序，'K'-- 元素在内存中的出现顺序。

例如：

```
import numpy as np
a=np.arange(8).reshape(2,4)
print ('原数组:')
print (a)
print ('\n')

print ('调用 ravel 函数之后:')
print (a.ravel())
print ('\n')

print ('以 F 风格顺序调用 ravel 函数之后:')
print (a.ravel(order='F'))
```

输出结果为：

原数组：

[[0 1 2 3]
 [4 5 6 7]]

调用 ravel 函数之后：

[0 1 2 3 4 5 6 7]

以 F 风格顺序调用 ravel 函数之后：

[0 4 1 5 2 6 3 7]

2. 翻转数组

翻转数组函数见表 2-11。

表 2-11 翻转数组函数

函数	描述
transpose	对换数组的维度
ndarray.T	和 self.transpose () 相同

numpy.transpose 函数用于对换数组的维度，格式如下：

numpy.transpose(arr, axes)

参数说明：

arr：要操作的数组；

axes：整数列表，对应维度，通常所有维度都会对换。

例如：

```
import numpy as np
a=np.arange(12).reshape(3,4)

print ('原数组：')
print (a )
print ('\n')

print ('对换数组：')
print (np.transpose(a))
```

运行结果为：

原数组：
[[0 1 2 3]
 [4 5 6 7]
 [8 9 10 11]]
对换数组：
[[0 4 8]
 [1 5 9]
 [2 6 10]
 [3 7 11]]

numpy.ndarray.T 类似 numpy.transpose。

3. 连接数组

连接数组的函数见表 2-12。

表 2-12 连接数组函数

函数	描述
concatenate	连接沿现有轴的数组序列

numpy.concatenate 函数用于沿指定轴连接相同形状的两个或多个数组，格式如下：

numpy.concatenate((a1, a2, ...), axis)

参数说明：

a1, a2, ...：相同类型的数组；

axis：沿着它连接数组的轴，默认为 0。

例如：

```
import numpy as np

a=np.array([[1,2],[3,4]])

print ('第一个数组：')
print (a)
print ('\n')
b=np.array([[5,6],[7,8]])

print ('第二个数组：')
print (b)
print ('\n')
# 两个数组的维度相同

print ('沿轴 0 连接两个数组：')
print (np.concatenate((a,b)))
print ('\n')

print ('沿轴 1 连接两个数组：')
print (np.concatenate((a,b),axis=1))
```

运行结果为：

第一个数组：

[[1 2]

 [3 4]]

第二个数组：

[[5 6]

 [7 8]]

沿轴 0 连接两个数组：

[[1 2]

 [3 4]

 [5 6]

 [7 8]]

沿轴 1 连接两个数组：

[[1 2 5 6]

 [3 4 7 8]]

4. 分割数组

分割数组函数见表 2-13。

表 2-13　分割数组函数

函数	数组及操作
split	将一个数组分割为多个子数组
hsplit	将一个数组水平分割为多个子数组（按列）
vsplit	将一个数组垂直分割为多个子数组（按行）

numpy.split 函数沿特定的轴将数组分割为子数组，格式如下：

numpy.split(ary, indices_or_sections, axis)

参数说明：

ary：被分割的数组

indices_ or_ sections：如果是一个整数，就用该数平均切分，如果是一个数组，为沿轴切分的位置（左开右闭）。

axis：沿着哪个维度进行切向，默认为 0，横向切分；当为 1 时，纵向切分。

例如：

import numpy as np

a=np.arange(9)

```
print ('第一个数组:')
print (a)
print ('\n')

print ('将数组分为3个大小相等的子数组:')
b=np.split(a,3)
print (b)
print ('\n')

print ('将数组在一维数组中表明的位置分割:')
b=np.split(a,[4,7])
print (b)
```

运行结果为:

第一个数组:
[0 1 2 3 4 5 6 7 8]
将数组分为3个大小相等的子数组:
[array([0, 1, 2]), array([3, 4, 5]), array([6, 7, 8])]
将数组在一维数组中表明的位置分割:
[array([0, 1, 2, 3]), array([4, 5, 6]), array([7, 8])]
numpy.hsplit

numpy.hsplit 函数用于水平分割数组,通过指定要返回的相同形状的数组数量来拆分原数组。

例如:

```
import numpy as np

harr=np.floor(10* np.random.random((2, 6)))
print ('原array:')
print(harr)

print ('拆分后:')
print(np.hsplit(harr, 3))
```

运行结果为：

原 array：

[[4. 7. 6. 3. 2. 6.]

 [6. 3. 6. 7. 9. 7.]]

拆分后：

[array([[4., 7.],
       [6., 3.]]),
 array([[6., 3.],
       [6., 7.]]),
 array([[2., 6.],
       [9., 7.]])]

numpy.vsplit 沿着垂直轴分割，其分割方式与 hsplit 用法相同。

例如：

```
import numpy as np

a=np.arange(16).reshape(4,4)

print ('第一个数组:')
print (a)
print ('\n')

print ('竖直分割:')
b=np.vsplit(a,2)
print (b)
```

运行结果为：

第一个数组：

[[0 1 2 3]

 [4 5 6 7]

 [8 9 10 11]

 [12 13 14 15]]

竖直分割：

```
[array([[0, 1, 2, 3],
       [4, 5, 6, 7]]), array([[ 8,  9, 10, 11],
       [12, 13, 14, 15]])]
```

2.2.2 数学函数

NumPy 包含大量的各种数学运算的函数,包括三角函数、算术运算函数、复数处理函数等。

1. 三角函数

NumPy 提供了标准的三角函数:sin()、cos()、tan()。

例如:

```
import numpy as np

a=np.array([0,30,45,60,90])
print ('不同角度的正弦值:')
# 通过乘 pi/180 转化为弧度
print (np.sin(a*np.pi/180))
print ('\n')
print ('数组中角度的余弦值:')
print (np.cos(a*np.pi/180))
print ('\n')
print ('数组中角度的正切值:')
print (np.tan(a*np.pi/180))
```

运行结果为:

不同角度的正弦值:
[0.   0.5   0.70710678 0.8660254 1.   ]
数组中角度的余弦值:
[1.00000000e+00 8.66025404e-01 7.07106781e-01 5.00000000e-01
 6.12323400e-17]
数组中角度的正切值:
[0.00000000e+00 5.77350269e-01 1.00000000e+00 1.73205081e+00

1.63312394e+16]

2. 舍入函数

numpy.around()函数返回指定数字的四舍五入值。

numpy.around(a,decimals)

参数说明：

a：数组；

decimals：舍入的小数位数。默认值为0。如果为负，整数将四舍五入到小数点左侧的位置。

例如：

```
import numpy as np
a=np.array([1.0,5.55, 123, 0.567, 25.532])
print ('原数组：')
print (a)
print ('\n')
print ('舍入后：')
print (np.around(a))
print (np.around(a, decimals =1))
print (np.around(a, decimals =-1))
```

输出结果为：

原数组：

[1.   5.55 123.   0.567 25.532]

舍入后：

[1.   6.   123.   1.   26.]

[1.   5.6 123.   0.6   25.5]

[0.   10. 120.   0.   30.]

numpy.floor()返回小于或等于指定表达式的最大整数，即向下取整。

例如：

```
import numpy as np

a=np.array([-1.7, 1.5, -0.2, 0.6, 10])
print ('提供的数组：')
```

```
print (a)
print ('\n')
print ('修改后的数组:')
print (np.floor(a))
```

运行结果为:

提供的数组:
[-1.7 1.5 -0.2 0.6 10.]
修改后的数组:
[-2. 1. -1. 0. 10.]

numpy.ceil()

numpy.ceil()返回大于或等于指定表达式的最小整数,即向上取整。

例如:

```
import numpy as np

a=np.array([-1.7, 1.5, -0.2, 0.6, 10])
print ('提供的数组:')
print (a)
print ('\n')
print ('修改后的数组:')
print (np.ceil(a))
```

运行结果为:

提供的数组:
[-1.7 1.5 -0.2 0.6 10.]
修改后的数组:
[-1. 2. -0. 1. 10.]

2.2.3　NumPy 算术函数

NumPy 算术函数包含简单的加减乘除:add()、subtract()、multiply()和 divide()。此外,NumPy 也包含了其他重要的算术函数。

需要注意的是,数组必须具有相同的形状或符合数组广播规则。

例如：

```
import numpy as np

a=np.arange(9,dtype=np.float_).reshape(3,3)
print ('第一个数组：')
print (a)
print ('\n')
print ('第二个数组：')
b=np.array([10,10,10])
print (b)
print ('\n')
print ('两个数组相加：')
print (np.add(a,b))
print ('\n')
print ('两个数组相减：')
print (np.subtract(a,b))
print ('\n')
print ('两个数组相乘：')
print (np.multiply(a,b))
print ('\n')
print ('两个数组相除：')
print (np.divide(a,b))
```

输出结果为：

第一个数组：
[[0. 1. 2.]
 [3. 4. 5.]
 [6. 7. 8.]]
第二个数组：
[10 10 10]
两个数组相加：
[[10. 11. 12.]
 [13. 14. 15.]

[16. 17. 18.]]
两个数组相减:
[[-10. -9. -8.]
 [-7. -6. -5.]
 [-4. -3. -2.]]
两个数组相乘:
[[0. 10. 20.]
 [30. 40. 50.]
 [60. 70. 80.]]
两个数组相除:
[[0. 0.1 0.2]
 [0.3 0.4 0.5]
 [0.6 0.7 0.8]]

numpy.reciprocal() 函数返回参数诸元素的倒数。如 1/4 的倒数为 4/1。

例如：

```
import numpy as np

a=np.array([0.25, 1.33, 1, 100])
print ('我们的数组是:')
print (a)
print ('\n')
print ('调用 reciprocal 函数:')
print (np.reciprocal(a))
```

输出结果为:

我们的数组是:
[0.25   1.33   1.   100.]
调用 reciprocal 函数:
[4.   0.7518797 1.   0.01   ]

numpy.power() 函数将第一个输入数组中的元素作为底数，计算它与第二个输入数组中相应元素的幂。

例如：

```
import numpy as np

a=np.array([10,100,1000])
print ('我们的数组是:')
print (a)
print ('\n')
print ('调用 power 函数:')
print (np.power(a,2))
print ('\n')
print ('第二个数组:')
b=np.array([1,2,3])
print (b)
print ('\n')
print ('再次调用 power 函数:')
print (np.power(a,b))
```

输出结果为:

我们的数组是:

[10 100 1000]

调用 power 函数:

[100   10000 1000000]

第二个数组:

[1 2 3]

再次调用 power 函数:

[10 10000 1000000000]

numpy.mod() 计算输入数组中相应元素的相除后的余数。函数 numpy.remainder() 也产生相同的结果。

例如:

```
import numpy as np

a=np.array([10,20,30])
b=np.array([3,5,7])
print ('第一个数组:')
```

```
print (a)
print ('\n')
print ('第二个数组:')
print (b)
print ('\n')
print ('调用 mod() 函数:')
print (np.mod(a,b))
```

运行结果为：

第一个数组：
[10 20 30]
第二个数组：
[3 5 7]
调用 mod() 函数：
[1 0 2]

2.2.4 NumPy 随机函数

NumPy 库中的 random 模块中有很多函数，下面做一个简要的介绍。

1. rand (d0, d1, d2, d3, …, dn)

创建一个数组，随机产生 [0, 1) 的值，参数 d0, d1, …, dn 表示维度，为整数，也可以为空。

例如：

```
import numpy as np
r=np.random.rand(2,4)
print(r)
```

运行结果为：

[[0.9297006 0.83634813 0.93985207 0.45976496]
 [0.43727236 0.92055823 0.67675543 0.56987607]]

2. randn (d0, d1, d2, d3, …, dn)

返回一个样本，符合标准正态分布。

例如：

```
import numpy as np
```

r=np.random.randn(2,4)

print(r)

运行结果为：

[[-0.17504283 0.84937426 0.43526308 -0.13706934]
 [0.88012138 -1.77450693 -1.01420653 0.0790656]]

3. randint（[low, high, size]）

返回随机的整数，位于半开区间。[low，high）

参数说明：

low：整数，且当high不为空时，low<high；

high：整数；

size：可以是整数，或者元组。默认是空值，如果为空，则仅返回一个整数。

例如：

import numpy as np

r=np.random.randint(2, size=5)

print(r)

运行结果为：

[0 0 1 0 1]

例如：

import numpy as np

r=np.random.randint(5, size=(2, 4))

print(r)

运行结果为：

[[1 2 0 4]
 [3 0 1 4]]

4. numpy.random.random（size=None）

在半开区间 [0.0, 1.0），返回随机的浮点数。

例如：

import numpy as np

r=np.random.random(5)

print(r)

运行结果为：

[0.90756516 0.62798565 0.38722189 0.15842878 0.29657655]

5. numpy.random.choice（a, size=None, replace=True, p=None）

通过一个给定的一维数据，产生随机采样，即从 a 中以概率 p，随机选择 size 个值，p 没有指定的时候相当于是一致的分布。

参数说明：

a：为数组，如果只有一个整型参数，则返回小于参数的随机整数；

size：是整数 or 元组；

replace 代表的意思是抽样之后放回去或不放回去，默认是放回去。

例如：

import numpy as np

r=np.random.choice(5, 3, p=[0.1, 0, 0.3, 0.6, 0])

print(r)

运行结果为：

[3 3 2]

例如：

import numpy as np

arr=['pooh', 'rabbit', 'piglet', 'Christopher']

r= np.random.choice(arr, 5, p=[0.5, 0.1, 0.1, 0.3])

print(r)

运行结果为：

['rabbit' 'Christopher' 'pooh' 'pooh' 'pooh']

6. numpy.random.bytes（length）

返回随机字节。

参数说明：

length 为字节长度，整型。

例如：

import numpy as np

r= np.random.bytes(10)

print(r)

运行结果为：

b'\xe9U\x91.\xd3\x82\xea\x1dB\xb4'

7. numpy.random.shuffle（arr）

随机打乱数组顺序。

参数说明：

arr 是数组。

例如：

```
import numpy as np
arr=np.arange(10)
np.random.shuffle(arr)
print(arr)
```

运行结果为：

[6 4 8 2 7 3 0 5 9 1]

8. numpy.random.permutation()

返回一个随机排列。

例如：

```
import numpy as np
r=np.random.permutation([1, 4, 9, 12, 15])
print(r)
```

运行结果为：

[15 9 4 1 12]

例如：

```
import numpy as np
arr=np.arange(9).reshape((3, 3))
r=np.random.permutation(arr)
print(r)
```

运行结果为：

[[6 7 8]
 [3 4 5]
 [0 1 2]]

9. numpy.random.binomial（n, p, size）

参数说明：

n：一次试验的样本数，并且相互不干扰；

p：事件发生的概率，范围为 [0, 1]；

size：限定了返回值的形式和实验次数。当 size 是整数 N 时，表示实验 N 次，返回每次实验中事件发生的次数；size 是 (X, Y) 时，表示实验 X*Y 次，以 X 行 Y 列的形式输出每次试验中事件发生的次数。

例如：

一次抛 5 枚硬币，每枚硬币正面朝上的概率为 0.5，做 10 次试验，求每次试验发生正面朝上的硬币个数：

```
import numpy as np
test=np.random.binomial(5,0.5,10)
print(test)
```

运行结果为：

[1 1 1 4 3 3 2 2 3 2]

2.3　NumPy 中的数据统计与分析

2.3.1　统计函数

NumPy 提供了很多统计函数，用于从数组中查找最小元素、最大元素、百分位标准差和方差等。函数说明如下。

1. numpy.amin() 和 numpy.amax()

numpy.amin() 用于计算数组中的元素沿指定轴的最小值。

numpy.amax() 用于计算数组中的元素沿指定轴的最大值。

例如：

```
import numpy as np

a=np.array([[3,7,5],[8,4,3],[2,4,9]])
print ('数组是:')
print (a)
print ('\n')
print ('调用 amin() 函数:')
print (np.amin(a,1))
print ('\n')
print ('再次调用 amin() 函数:')
print (np.amin(a,0))
print ('\n')
print ('调用 amax() 函数:')
print (np.amax(a))
print ('\n')
print ('再次调用 amax() 函数:')
print (np.amax(a, axis =  0))
```

运行结果为：

数组是：

[[3 7 5]

[8 4 3]

[2 4 9]]

调用 amin() 函数：

[3 3 2]

再次调用 amin() 函数：

[2 4 3]

调用 amax() 函数：

9

再次调用 amax() 函数：

[8 7 9]

2. numpy.ptp()

numpy.ptp() 函数计算数组中元素最大值与最小值的差（最大值-最小值）。

例如：

```
import numpy as np

a=np.array([[3,7,5],[8,4,3],[2,4,9]])
print ('数组是：')
print (a)
print ('\n')
print ('调用 ptp() 函数：')
print (np.ptp(a))
print ('\n')
print ('沿轴 1 调用 ptp() 函数：')
print (np.ptp(a, axis = 1))
print ('\n')
print ('沿轴 0 调用 ptp() 函数：')
print (np.ptp(a, axis = 0))
```

输出结果为：

数组是：

[[3 7 5]

 [8 4 3]

 [2 4 9]]

调用 ptp( ) 函数：

7

沿轴 1 调用 ptp( ) 函数：

[4 5 7]

沿轴 0 调用 ptp( ) 函数：

[6 3 6]

3. numpy.median( )

numpy.median( ) 函数用于计算数组 a 中元素的中位数（中值）。例如：

```
import numpy as np

a=np.array([[30,65,70],[80,95,10],[50,90,60]])
print ('我们的数组是：')
print (a)
print ('\n')
print ('调用 median() 函数：')
print (np.median(a))
print ('\n')
print ('沿轴 0 调用 median() 函数：')
print (np.median(a, axis = 0))
print ('\n')
print ('沿轴 1 调用 median() 函数：')
print (np.median(a, axis = 1))
```

输出结果为：

我们的数组是：

[[30 65 70]

[80 95 10]

[50 90 60]]

调用 median( ) 函数：

65.0

沿轴 0 调用 median( ) 函数：

[50. 90. 60.]

沿轴 1 调用 median( ) 函数：

[65. 80. 60.]

4. numpy.mean( )

numpy.mean( ) 函数返回数组中元素的算术平均值。如果提供了轴，则沿其计算。算术平均值是沿轴的元素的总和除以元素的数量。

例如：

```
import numpy as np

a=np.array([[1,2,3],[3,4,5],[4,5,6]])
print ('数组是：')
print (a)
print ('\n')
print ('调用 mean() 函数：')
print (np.mean(a))
print ('\n')
print ('沿轴 0 调用 mean() 函数：')
print (np.mean(a, axis = 0))
print ('\n')
print ('沿轴 1 调用 mean() 函数：')
print (np.mean(a, axis = 1))
```

输出结果为：

数组是：

[[1 2 3]

 [3 4 5]

[4 5 6]]

调用 mean()函数：

3.6666666666666665

沿轴 0 调用 mean()函数：

[2.66666667 3.66666667 4.66666667]

沿轴 1 调用 mean()函数：

[2. 4. 5.]

5. numpy.average()

numpy.average()函数根据在另一个数组中给出的各自的权重计算数组中元素的加权平均值。该函数可以接受一个轴参数。如果没有指定轴，则数组会被展开。加权平均值即将各数值乘以相应的权数，然后加总求和得到总体值，再除以总的单位数。

考虑数组[1，2，3，4]和相应的权重[4，3，2，1]，通过将相应元素的乘积相加，并将和除以权重的和来计算加权平均值。

加权平均值=(1*4+2*3+3*2+4*1)/(4+3+2+1)

例如：

```
import numpy as np

a=np.array([1,2,3,4])
print ('数组是:')
print (a)
print ('\n')
print ('调用 average()函数:')
print (np.average(a))
print ('\n')
# 不指定权重时相当于 mean 函数
wts=np.array([4,3,2,1])
print ('再次调用 average()函数:')
print (np.average(a,weights=wts))
print ('\n')
# 如果 returned 参数设为 true,则返回权重的和
print ('权重的和:')
print (np.average([1,2,3,4],weights =[4,3,2,1], returned =True))
```

输出结果为:

数组是:

[1 2 3 4]

调用 average() 函数:

2.5

再次调用 average() 函数:

2.0

权重的和:

(2.0, 10.0)

6. numpy.std()

numpy.std() 标准差是一组数据平均值分散程度的一种度量。标准差是方差的算术平方根。

标准差公式如下:

std=sqrt(mean((x - x.mean()) ** 2))

例如:

```
import numpy as np
print (np.std([1,2,3,4]))
```

运行结果为:

1.1180339887498949

2.3.2 NumPy 排序、条件筛选函数

NumPy 提供了多种排序的方法。这些排序函数实现不同的排序算法,每个排序算法的特征在于执行速度,最坏情况性能,所需的工作空间和算法的稳定性。表 2-14 显示了 3 种排序算法的比较。

表 2-14 3 种排序方法的比较

种类	速度	最坏情况	工作空间	稳定性
'quicksort'(快速排序)	1	O(n^2)	0	否
'mergesort'(归并排序)	2	O(n*log(n))	~n/2	是
'heapsort'(堆排序)	3	O(n*log(n))	0	否

1. numpy.sort()

numpy.sort() 函数返回输入数组的排序副本。函数格式如下：

numpy.sort(a, axis, kind, order)

参数说明：

a：要排序的数组；

axis：沿着它排序数组的轴，如果没有数组会被展开，沿着最后的轴排序，axis=0 按列排序，axis=1 按行排序；

kind：默认为' quicksort '（快速排序）；

order：如果数组包含字段，则是要排序的字段。

例如：

```
import numpy as np

a=np.array([[3,7],[9,1]])
print ('数组是:')
print (a)
print ('\n')
print ('调用 sort() 函数:')
print (np.sort(a))
print ('\n')
print ('按列排序:')
print (np.sort(a, axis =  0))
print ('\n')
#在 sort 函数中排序字段
dt=np.dtype([('name',  'S10'),('age',  int)])
a=np.array([("raju",21),("anil",25),("ravi",  17),  ("amar", 27)], dtype=dt)
print ('数组是:')
print (a)
print ('\n')
print ('按 name 排序:')
print (np.sort(a, order =  'name'))
```

运行结果为：

数组是：

[[3 7]

 [9 1]]

调用 sort( ) 函数：

[[3 7]

 [1 9]]

按列排序：

[[3 1]

 [9 7]]

数组是：

[(b'raju', 21) (b'anil', 25) (b'ravi', 17) (b'amar', 27)]

按 name 排序：

[(b'amar', 27) (b'anil', 25) (b'raju', 21) (b'ravi', 17)]

2. sort_complex( )

对复数按照先实部后虚部的顺序进行排序。

例如：

复数排序：

```
import numpy as np

print(np.sort_complex([5, 3, 6, 2, 1]))
print(np.sort_complex([1 + 2j, 2 - 1j, 3 - 2j, 3 - 3j, 3 + 5j]))
```

运行结果为：

[1.+0.j 2.+0.j 3.+0.j 5.+0.j 6.+0.j]

[1.+2.j 2.-1.j 3.-3.j 3.-2.j 3.+5.j]

3. numpy.nonzero( )

numpy.nonzero( ) 函数返回输入数组中非零元素的索引。

例如：

```
import numpy as np

a=np.array([[30,40,0],[0,20,10],[50,0,60]])
```

```
print ('数组是:')
print (a)
print (' \n')
print ('调用 nonzero() 函数:')
print (np.nonzero (a))
```
运行结果为:

数组是:

[[30 40 0]
 [0 20 10]
 [50 0 60]]

调用 nonzero( ) 函数:

(array([0, 0, 1, 1, 2, 2]), array([0, 1, 1, 2, 0, 2]))

4. numpy.where( )

numpy.where( ) 函数返回输入数组中满足给定条件的元素的索引。

例如:

```
import numpy as np

x=np.arange(9.).reshape(3, 3)
print ('数组是:')
print (x)
print ('大于 3 的元素的索引:')
y=np.where(x > 3)
print (y)
print ('使用这些索引来获取满足条件的元素:')
print (x[y])
```

输出结果为:

数组是:

[[0. 1. 2.]
 [3. 4. 5.]
 [6. 7. 8.]]

大于 3 的元素的索引：

(array([1, 1, 2, 2, 2]), array([1, 2, 0, 1, 2]))

使用这些索引来获取满足条件的元素：

[4. 5. 6. 7. 8.]

5. numpy.extract()

numpy.extract() 函数根据某个条件从数组中抽取元素，返回满足条件的元素。

例如：

```
import numpy as np

x=np.arange(9.).reshape(3, 3)
print ('我们的数组是：')
print (x)
# 定义条件，选择偶数元素
condition=np.mod(x,2) == 0
print ('按元素的条件值：')
print (condition)
print ('使用条件提取元素：')
print (np.extract(condition, x))
```

运行结果为：

数组是：

[[0. 1. 2.]
 [3. 4. 5.]
 [6. 7. 8.]]

按元素的条件值：

[[True False True]
 [False True False]
 [True False True]]

使用条件提取元素：

[0. 2. 4. 6. 8.]

# 2.4 pandas 统计分析基础

2008 年，开发人员 Wes McKinney 在需要高性能、灵活的数据分析工具时开始开发 pandas。pandas 是一个开源的 Python 库，使用其强大的数据结构提供高性能的数据处理和分析工具。在 Python 中，pandas 是基于 NumPy 数组构建的，使数据预处理、清洗、分析工作变得更快、更简单。pandas 是专门为处理表格和混杂数据设计的，而 NumPy 更适合处理统一的数值数组数据。

标准的 Python 发行版不会与 pandas 模块捆绑在一起。一种轻量级的选择是使用流行的 Python 包安装程序 pip 来安装 NumPy。

```
pip install pandas
```

2.4.1 Series 和 DataFrame

使用下面格式约定，引入 pandas 包：

```
import pandas as pd
```

pandas 主要处理 3 个数据结构：Series，DataFrame 和 Panel。其中，用得较多的两种数据结构是 Series 和 DataFrame。

1. Series

Series 是一种类似于一维数组的对象，它由一组数据（各种 NumPy 数据类型）及一组与之相关的数据标签（索引）组成，即 index 和 values 两部分，可以通过索引的方式选取 Series 中的单个或一组值。

关键点如下：

- 同质数据；
- 大小不可变；
- 数据的值可变。

1) Series 类型的操作

Series 类型索引、切片、运算的操作类似于 ndarray，同样的类似 Python 字典类型的操作，包括保留字 in 操作、使用 .get() 方法。Series 和 ndarray 之间的主要区别在于 Series 操作会根据索引自动对齐数据。

Series 创建语法如下：

pandas.Series(data, index, dtype, copy)

参数说明见表 2-15。

表 2-15 Series 函数参数说明

参数	说明
data	数据采用各种形式，如 ndarray，列表，常量
index	索引值必须是唯一可散列的，与数据长度相同。如果没有索引被传递，则默认为 ** np.arrange (n) **
dtype	dtype 用于数据类型。如果没有，则会推断数据类型
copy	复制数据。默认为 False

2) 从 ndarray 创建一个序列

如果数据是 ndarray，则传递的索引必须具有相同的长度。如果没有索引被传递，那么在默认情况下，索引将是 range (n)，其中 n 是数组长度，即 [0, 1, 2, 3...]。范围 (LEN (阵列)) - 1]。

例如：

import numpy as np, pandas as pd

arr1=np.arange(5)
s1=pd.Series(arr1)
print(s1)   #由于没有为数据指定索引，于是会自动创建一个从 0 到 N-1（N 为数据的长度）的整数型索引

0   0
1   1
2   2
3   3
4   4

例如：

#指定索引
import pandas as pd
import numpy as np
data=np.array(['a','b','c','d'])
s=pd.Series(data,index=[100,101,102,103])

print s

运行结果为：

100 a
101 b
102 c
103 d
dtype: object

3）从字典创建一个序列

一个字典可以作为输入传递，如果没有指定索引，那么字典键将按照排序的顺序进行构建索引。

例如：

import pandas as pd
import numpy as np
data={'a': 0., 'b': 1., 'c': 2.}
s=pd.Series(data)
print s

运行结果为：

a 0.0
b 1.0
c 2.0
dtype: float64

4）从标量创建一个序列

如果数据是标量值，则必须提供索引。该值将被重复以匹配索引的长度。

import pandas as pd
import numpy as np
s=pd.Series(5, index=[0, 1, 2, 3])
print s

其输出如下：

0 5
1 5

```
2    5
3    5
dtype: int64
```

2. DataFrame

DataFrame 是一个具有异构数据的二维数组,是一个表格型的数据类型,每列值类型可以不同,是最常用的 pandas 对象。DataFrame 既有行索引也有列索引,它可以被看作由 Series 组成的字典(共用同一个索引)。DataFrame 中的数据是以一个或多个二维块存放的(而不是列表、字典或别的一维数据结构)。

关键点如下:
- 异构数据;
- 大小可变;
- 数据可变。

1) 函数创建 DataFrame

可以使用以下构造函数创建一个 pandas DataFrame。

pandas.DataFrame(data, index, columns, dtype, copy)

参数说明见表 2-16。

表 2-16 DataFrame 函数参数说明

参数	说明
data	数据采用各种形式,如 ndarray、序列、地图、列表、字典、常量和另一个 DataFrame
index	对于行标签,如果没有索引被传递,则要用可选默认值 np.arange(n)
columns	对于列标签,可选的默认语法是 np.arange(n)
dtype	每列的数据类型
copy	如果默认值为 False,则使用该命令(或其他)复制数据

2) 从列表中创建一个 DataFrame

例如:

```
import pandas as pd
data=[1,2,3,4,5]
df=pd.DataFrame(data)
print(df)
```

运行结果为:

```
     0
0    1
```

```
1  2
2  3
3  4
4  5
```

例如:

```
import pandas as pd
data=[['Alex',10],['Bob',12],['Clarke',13]]
df=pd.DataFrame(data,columns=['Name','Age'])
print(df)
```

运行结果为:

```
    Name   Age
0   Alex   10
1   Bob    12
2   Clarke 13
```

从 Dict 创建一个 DataFrame。

例如:

```
import pandas as pd
data={'Name':['Tom','Jack','Steve','Ricky'],'Age':[28,34,29,42]}
df=pd.DataFrame(data)
print(df)
```

运行结果为:

```
    Name   Age
0   Tom    28
1   Jack   34
2   Steve  29
3   Ricky  42
```

3) 使用数组作为索引创建 DataFrame

例如:

```
import pandas as pd
data={'Name':['Tom','Jack','Steve','Ricky'],'Age':[28,34,29,42]}
df=pd.DataFrame(data,index=['rank1','rank2','rank3','rank4'])
```

```
print(df)
```

运行结果为：

```
       Name   Age
rank1  Tom    28
rank2  Jack   34
rank3  Steve  29
rank4  Ricky  42
```

4）使用字典、行索引和列索引列表创建 DataFrame

例如：

```
import pandas as pd
data=[{'a':1,'b':2},{'a':5,'b':10,'c':20}]
df1=pd.DataFrame(data,index=['first','second'],columns=['a','b'])
df2=pd.DataFrame(data,index=['first','second'],columns=['a','b1'])
print(df1)
print(df2)
```

运行结果为：

```
        a   b
first   1   2
second  5   10

        a   b1
first   1   NaN
second  5   NaN
```

2.4.2 pandas 的基本操作

1. Series 数据索引

从位置序列访问数据，序列中的数据可以像 ndarray 中那样访问。

1）从位置序列检索数据

例如：

检索第一个元素。一般地，数组从零开始计数，这意味着第一个元素存储在第零个位置，以此类推。

```
import pandas as pd
s=pd.Series([1,2,3,4,5],index=['a','b','c','d','e'])
print s[0]
```

运行结果为:

1

检索序列中前3个元素。

例如:

```
import pandas as pd
s=pd.Series([1,2,3,4,5],index=['a','b','c','d','e'])
print s[:3]
```

运行结果为:

a 1
b 2
c 3
dtype: int64

2)使用标签检索数据(索引)

序列就像一个固定大小的字典,可以通过索引标签获取和设置值。

例如:

#使用索引标签值检索单个元素。

```
import pandas as pd
s=pd.Series([1,2,3,4,5],index=['a','b','c','d','e'])
print s['a']
```

运行结果为:

1

#使用索引标签值列表检索多个元素。

```
import pandas as pd
s=pd.Series([1,2,3,4,5],index=['a','b','c','d','e'])
print s[['a','c','d']]
```

运行结果为:

a 1
c 3

```
d    4
dtype: int64
```

2. DataFrame列的选择、添加和删除

```
#列的选择
import pandas as pd
d={'one': pd.Series([1, 2, 3], index=['a', 'b', 'c']),
    'two': pd.Series([1, 2, 3, 4], index=['a', 'b', 'c', 'd'])}
df=pd.DataFrame(d)
print(df['one'])    #选择第一列
```

运行结果为:

```
a    1.0
b    2.0
c    3.0
d    NaN
Name: one, dtype: float64
```

```
#列的添加
import pandas as pd
d={'one': pd.Series([1, 2, 3], index=['a', 'b', 'c']),
    'two': pd.Series([1, 2, 3, 4], index=['a', 'b', 'c', 'd'])}
df=pd.DataFrame(d)
print ("Adding a new column by passing as Series:")
df['three']=pd.Series([10,20,30],index=['a','b','c'])
print(df)
print ("Adding a new column using the existing columns in DataFrame:")
df['four']=df['one']+df['three']
print(df)
```

运行结果为:

```
Adding a new column by passing as Series:
   one  two  three
a  1.0   1   10.0
b  2.0   2   20.0
```

```
c  3.0   3   30.0
d  NaN   4   NaN
```
Adding a new column using the existing columns in DataFrame:
```
   one  two  three  four
a  1.0   1   10.0   11.0
b  2.0   2   20.0   22.0
c  3.0   3   30.0   33.0
d  NaN   4   NaN    NaN
```
#列的删除

使用 del 或 pop 函数删除已有列

```python
import pandas as pd
d={'one': pd.Series([1, 2, 3], index=['a', 'b', 'c']),
   'two': pd.Series([1, 2, 3, 4], index=['a', 'b', 'c', 'd']),
   'three': pd.Series([10,20,30], index=['a','b','c'])}
df=pd.DataFrame(d)
print(df)
# using del function
print ("Deleting the first column using DEL function:")
del df['one']
print(df)
# using pop function
print ("Deleting another column using POP function:")
df.pop('two')
print(df)
```

运行结果为:
```
   one  two  three
a  1.0   1   10.0
b  2.0   2   20.0
c  3.0   3   30.0
d  NaN   4   NaN
Deleting the first column using DEL function:
   two  three
a   1   10.0
```

```
b    2    20.0
c    3    30.0
d    4    NaN
```

Deleting another column using POP function:

```
     three
a    10.0
b    20.0
c    30.0
d    NaN
```

3. DataFrame 行的选择、添加和删除

```python
#可以通过将行标签传递给 loc 函数来选择行
import pandas as pd
d={'one': pd.Series([1, 2, 3], index=['a', 'b', 'c']),
   'two': pd.Series([1, 2, 3, 4], index=['a', 'b', 'c', 'd'])}
df=pd.DataFrame(d)
print(df.loc['b'])
```

运行结果为：

```
one    2.0
two    2.0
Name: b, dtype: float64
```

```python
#还可以通过将整数位置传递给 iloc 函数来选择
import pandas as pd
d={'one': pd.Series([1, 2, 3], index=['a', 'b', 'c']),
   'two': pd.Series([1, 2, 3, 4], index=['a', 'b', 'c', 'd'])}
df=pd.DataFrame(d)
print(df.iloc[2])
```

运行结果为：

```
one    3.0
two    3.0
Name: c, dtype: float64
```

```python
#可以使用':'运算符选择多行
import pandas as pd
```

```
d={'one': pd.Series([1, 2, 3], index=['a', 'b', 'c']),
    'two': pd.Series([1, 2, 3, 4], index=['a', 'b', 'c', 'd'])}
df=pd.DataFrame(d)
print(df[2:4])
```
运行结果为:

```
   one  two
c  3.0   3
d  NaN   4
```

#使用 append 函数将新行添加到 DataFrame 。该函数将在最后附加行
```
import pandas as pd
df=pd.DataFrame([[1, 2], [3, 4]], columns=['a','b'])
df2=pd.DataFrame([[5, 6], [7, 8]], columns=['a','b'])
df=df.append(df2)
print(df)
```
运行结果为:

```
   a  b
0  1  2
1  3  4
0  5  6
1  7  8
```

#使用索引标签从 DataFrame 中删除行。如果标签被复制,则多行将被删除
```
import pandas as pd
df=pd.DataFrame([[1, 2], [3, 4]], columns=['a','b'])
df2=pd.DataFrame([[5, 6], [7, 8]], columns=['a','b'])
df=df.append(df2)
df=df.drop(0)
print(df)
```
运行结果为:

```
   a  b
1  3  4
1  7  8
```

2.4.3 pandas 基本功能

1. Series 序列基本功

表 2-17 列出了 Series 对象的重要属性或方法。

表 2-17 Series 对象的属性或方法

属性或方法	描述
axes	返回行轴标签的列表
dtype	返回对象的 dtype
empty	如果 series 为空，则返回 True
ndim	返回基础数据的维度数
size	返回基础数据中元素的数量
values	将该序列作为 ndarray 返回
head()	返回前 n 行
tail()	返回最后 n 行

例如：

```
import pandas as pd
import numpy as np
s=pd.Series(np.random.randn(4))
print(s)
print ("The axes are:")
print(s.axes)
print ("Is the Object empty?")
print(s.empty)
print ("The dimensions of the object:")
print(s.ndim)
print ("The size of the object:")
print(s.size)
print ("The actual data series is:")
print(s.values)
print ("The first two rows of the data series:")
print (s.head(2))
print ("The last two rows of the data series:")
print (s.tail(2))
```

运行结果为：

0   -0.326661
1   0.963165
2   -0.288403
3   2.102830
dtype: float64
The axes are:
[RangeIndex(start=0, stop=4, step=1)]
Is the Object empty?
False
The dimensions of the object:
1
The size of the object:
4
The actual data series is:
[-0.32666136 0.9631653 -0.28840282 2.10283039]
The first two rows of the data series:
0   -0.326661
1   0.963165
dtype: float64
The last two rows of the data series:
2   -0.288403
3   2.102830
dtype: float64

2. DataFrame 基本功能

表 2-18 列出了 DataFrame 对象的重要属性或方法。

表 2-18　DataFrame 对象的属性或方法

属性或方法	描述
T	转置行和列
axes	以行轴标签和列轴标签作为唯一成员返回列表
dtypes	返回此对象中的 dtypes
empty	如果 NDFrame 完全为空［没有项目］，则为 True；如果任何轴的长度为 0

续表

属性或方法	描述
ndim	轴/阵列尺寸的数量
shape	返回表示 DataFrame 维度的元组
size	NDFrame 中的元素数目
values	NDFrame 的 NumPy 表示
head( )	返回前 n 行
tail( )	返回最后 n 行

例如：

```
import pandas as pd

d={'Name':pd.Series(['Tom','James','Ricky','Vin','Steve','Smith','Jack']),
    'Age':pd.Series([25,26,25,23,30,29,23]),
    'Rating':pd.Series([4.23,3.24,3.98,2.56,3.20,4.6,3.8])}
df=pd.DataFrame(d)
print ("data series is:")
print (df)
print ("The transpose of the data series is:")
print (df.T)
print ("Row axis labels and column axis labels are:")
print(df.axes)
print ("The data types of each column are:")
print (df.dtypes)
print ("Is the object empty?")
print (df.empty)
print ("The dimension of the object is:")
print (df.ndim)
print ("The shape of the object is:")
print (df.shape)
print ("The total number of elements in our object is:")
print (df.size)
print ("The actual data in our data frame is:")
```

```
print (df.values)
print ("The first two rows of the data frame is:")
print (df.head(2))
print ("The last two rows of the data frame is:")
print (df.tail(2))
```

运行结果为:

```
data series is:
    Name   Age  Rating
0   Tom    25   4.23
1   James  26   3.24
2   Ricky  25   3.98
3   Vin    23   2.56
4   Steve  30   3.20
5   Smith  29   4.60
6   Jack   23   3.80
The transpose of the data series is:
            0      1      2      3      4      5      6
Name        Tom    James  Ricky  Vin    Steve  Smith  Jack
Age         25     26     25     23     30     29     23
Rating      4.23   3.24   3.98   2.56   3.2    4.6    3.8
Row axis labels and column axis labels are:
[RangeIndex(start=0, stop=7, step=1), Index(['Name', 'Age',
'Rating'], dtype='object')]
The data types of each column are:
Name        object
Age         int64
Rating      float64
dtype: object
Is the object empty?
False
The dimension of the object is:
2
The shape of the object is:
```

```
(7, 3)
The total number of elements in our object is:
21
The actual data in our data frame is:
[['Tom' 25 4.23]
 ['James' 26 3.24]
 ['Ricky' 25 3.98]
 ['Vin' 23 2.56]
 ['Steve' 30 3.2]
 ['Smith' 29 4.6]
 ['Jack' 23 3.8]]
The first two rows of the data frame is:
    Name   Age   Rating
0   Tom    25    4.23
1   James  26    3.24
The last two rows of the data frame is:
    Name   Age   Rating
5   Smith  29    4.6
6   Jack   23    3.8
```

2.4.4 pandas 统计函数

在 pandas 中有大量 DataFrame 上的描述性统计信息和其他相关操作，如 sum( )、mean( ) 等。pandas 中描述性统计函数的功能见表 2-19。

表 2-19 pandas 中描述性统计函数的功能

功能	描述
count( )	非空值的数量
sum( )	值的总和
mean( )	平均值
median( )	中间值
mode( )	值的模式
std( )	标准差
min( )	最小值
max( )	最大值

续表

功能	描述
abs( )	绝对值
prod( )	乘积
cumsum( )	累计和
cumprod( )	累积乘积
pct_change( )	将每个元素与其先前的元素进行比较并计算变化百分比
cov( )	计算序列对象之间的协方差。NA 将被自动排除
corr( )	计算相关性

注意：由于 DataFrame 是一个异构数据结构，通用操作不适用于所有功能。

sum( )、cumsum( ) 等函数可以同时处理数字和字符（或）字符串数据元素，而不会出现任何错误。

当 DataFrame 包含字符或字符串数据时，像 abs( )、cumprod( ) 等函数会抛出异常，因为无法执行这些操作。

1. sum( )

#返回所请求轴的值的总和。在默认情况下，axis 是索引（axis=0）。

例如：

```
import pandas as pd
d={'Name':pd.Series(['Tom','James','Ricky','Vin','Steve','Smith','Jack']),
    'Age':pd.Series([25,26,25,23,30,29,23]),
    'Rating':pd.Series([4.23,3.24,3.98,2.56,3.20,4.6,3.8])}
df=pd.DataFrame(d)
print (df.sum())#默认轴=0
print (df.sum(1))#轴=1
```

运行结果为：

```
Name      TomJamesRickyVinSteveSmithJack
Age       181
Rating    25.61
dtype: object
0    29.23
1    29.24
2    28.98
```

```
3    25.56
4    33.20
5    33.60
6    26.80
dtype: float64
```

2. describe()

describe()函数计算数据列的统计信息的摘要。

例如：

```
import pandas as pd
d={'Name':pd.Series(['Tom','James','Ricky','Vin','Steve','Smith','Jack']),
    'Age':pd.Series([25,26,25,23,30,29,23]),
    'Rating':pd.Series([4.23,3.24,3.98,2.56,3.20,4.6,3.8])}
df=pd.DataFrame(d)
print (df.describe())
```

运行结果为：

```
              Age       Rating
count    7.000000    7.000000
mean    25.857143    3.658571
std      2.734262    0.698628
min     23.000000    2.560000
25%     24.000000    3.220000
50%     25.000000    3.800000
75%     27.500000    4.105000
max     30.000000    4.600000
```

说明：25%，50%和75%是对应的四分位数。四分位数（duQuartile）是指在统计学中把所有数值由小到大排列并分成四等份，处于三个分割点位置的数值。

3. pct_change()

该函数将每个元素与其先前的元素进行比较并计算变化百分比。

```
import pandas as pd
import numpy as np
s=pd.Series([1,2,3,4,5,4])
```

```
print(s.pct_change())

df=pd.DataFrame(np.random.randn(5,2))
print(df.pct_change())
```

运行结果为：

```
0         NaN
1    1.000000
2    0.500000
3    0.333333
4    0.250000
5   -0.200000
dtype: float64
          0          1
0       NaN        NaN
1 -4.928814 -14.305912
2  1.796648   2.211257
3 -0.436252  -1.270424
4 -1.196905  -2.174302
```

2.4.5 pandas 函数运算

要将函数应用于 pandas 对象，主要有 3 种方法。
- 表函数应用 pipe()；
- 行或列函数应用 apply()；
- 元素函数应用 applymap()。

例如：

```
import pandas as pd
import numpy as np

def adder(ele1,ele2):#定义加法器
    return ele1+ele2

df=pd.DataFrame(np.random.randn(5,3),columns=['col1','col2','col3'])
```

```
print(df)#输出原始框架
print(df.pipe(adder,2))#框架中所有数值+2
print(df.apply(np.mean))#计算每列的平均值
```

运行结果为：

```
      col1       col2       col3
0 -1.103680 -1.037493  0.041545
1 -0.965534 -1.400763 -0.862001
2  0.559286 -1.225420 -0.498071
3 -0.291839  1.227618 -0.525546
4 -2.819680  1.484923  0.395643
      col1       col2       col3
0  0.896320  0.962507  2.041545
1  1.034466  0.599237  1.137999
2  2.559286  0.774580  1.501929
3  1.708161  3.227618  1.474454
4 -0.819680  3.484923  2.395643
col1   -0.924289
col2   -0.190227
col3   -0.289686
dtype: float64
```

例如：

```
import pandas as pd
import numpy as np

df = pd.DataFrame(np.random.randn(5,3),columns=['col1','col2','col3'])
print(df)
print(df.apply(np.mean,axis=1))#计算每行的平均值
```

运行结果为：

```
      col1       col2       col3
0  1.598785 -0.774602 -0.097129
1 -1.168258 -1.071021  0.360439
```

```
2 -0.454564  0.230152  0.553379
3 -0.504399  0.043455 -0.780770
4 -0.042765 -0.329471  0.625567
0    0.242351
1   -0.626280
2    0.109656
3   -0.413905
4    0.084443
dtype: float64
```

例如：

```
import pandas as pd
import numpy as np

df = pd.DataFrame(np.random.randn(5,3), columns=['col1','col2','col3'])
print(df)
print(df.applymap(lambda x:x*100))#每个数值都乘以100
```

运行结果为：

```
       col1      col2      col3
0 -0.465273 -0.512434 -1.289291
1  1.527478  0.960889 -0.758865
2  0.234758  0.358769 -0.527835
3 -0.306115  0.873111 -2.062814
4 -0.278334 -0.291186  0.771841
        col1       col2        col3
0 -46.527278 -51.243374 -128.929148
1 152.747789  96.088944  -75.886498
2  23.475834  35.876866  -52.783497
3 -30.611516  87.311115 -206.281359
4 -27.833431 -29.118632   77.184099
```

2.5 pandas 数据运算

2.5.1 pandas 迭代

类型不同，pandas 进行迭代的行为不同。在遍历一个 Series 时，它被视为类似于数组的操作，在遍历 DataFrame 和 Panel 时遵循类似于字典的惯例，即迭代对象的键。可以使用以下函数对 DataFrame 进行遍历。

iteritems() - 遍历（键，值）对

iterrows() - 遍历行（索引，序列）对

itertuples() - 遍历行为 namedtuples

1. iteritems()

将每列作为关键字值进行迭代，并将标签作为键和列值作为 Series 对象进行迭代。

例如：

import pandas as pd

import numpy as np

df = pd.DataFrame(np.random.randn(4,3), columns=['col1','col2','col3'])

for key,value in df.iteritems():

  print(key,value)

运行结果为：

col1 0   -0.192399

1   -0.471285

2   -0.796246

3   -1.192478

Name: col1, dtype: float64

col2 0   0.506899

1   -1.072507

2   0.974895

```
3   -0.980069
Name: col2, dtype: float64
col3 0   -0.159177
1    0.775784
2    0.756986
3    0.140592
Name: col3, dtype: float64
```

2. iterrows( )

iterrows( ) 返回产生每个索引值的迭代器及包含每行数据的序列。

例如：

```
import pandas as pd
import numpy as np

df = pd.DataFrame(np.random.randn(4,3),columns=['col1','col2','col3'])
for row_index,row in df.iterrows():
    print(row_index,row)
```

运行结果为：

```
0 col1    0.363834
col2    0.914722
col3    0.181577
Name: 0, dtype: float64
1 col1   -0.336150
col2    0.516374
col3    1.270095
Name: 1, dtype: float64
2 col1    0.611838
col2    0.392765
col3    1.138426
Name: 2, dtype: float64
3 col1   -0.958129
col2    0.822372
```

```
col3    0.365632
Name: 3, dtype: float64
```

3. itertuples( )

itertuples( ) 方法将返回一个迭代器，为 DataFrame 中的每一行生成一个命名的元组。元组的第一个元素将是行的相应索引值，而其余值是行值。

例如：

```
import pandas as pd
import numpy as np

df = pd.DataFrame(np.random.randn(4,3), columns = ['col1', 'col2', 'col3'])
for row in df.itertuples():
    print(row)
```

运行结果为：

```
pandas(Index=0, col1=-2.2560745296704257, col2=-0.9541381938766159, col3=-0.7352688075578023)
pandas(Index=1, col1=-0.019449319586664679, col2=-0.33353941807065013, col3=-0.6477071401258633)
pandas(Index=2, col1=-0.30415293360713356, col2=0.003670486416737904, col3=-0.3185911685506603)
pandas(Index=3, col1=1.112810173134648, col2=1.3366896117510652, col3=-0.5083078034703125)
```

2.5.2 pandas 排序

pandas 有两种排序方式。分别是：按标签排序，使用 sort_index( ) 方法；按实际值排序，使用 sort_values( ) 方法。

1. sort_index( )

使用 sort_index( ) 方法，通过传递轴参数和排序顺序，可以对 DataFrame 进行排序。在默认情况下，行标签按升序排序。

例如：

```
import pandas as pd
import numpy as np
```

```
unsorted_df=pd.DataFrame(np.random.randn(5,2),index=[1,4,2,3,5],
columns=['col2','col1'])
    print(unsorted_df)
    sorted_df=unsorted_df.sort_index()
    print("按索引排序后:")
    print(sorted_df)
```

运行结果为:

```
        col2       col1
1  -0.386247  -1.311840
4  -0.237780   1.047069
2   0.412393   2.329239
3   1.286676   2.125992
5  -0.159601   1.102107
```

按索引排序后:

```
        col2       col1
1  -0.386247  -1.311840
2   0.412393   2.329239
3   1.286676   2.125992
4  -0.237780   1.047069
5  -0.159601   1.102107
```

通过将布尔值传递给升序参数,可以控制排序的顺序。

例如:

```
import pandas as pd
import numpy as np


unsorted_df=pd.DataFrame(np.random.randn(5,2),index=[1,4,2,3,5],
columns=['col2','col1'])
    print(unsorted_df)
    sorted_df=unsorted_df.sort_index(ascending=False)
    print("按索引降序排序后:")
    print(sorted_df)
```

运行结果为:

```
     col2      col1
1 -0.557682 -1.770219
4  3.146590 -0.265626
2  0.262149  0.718241
3  0.435330  0.439582
5 -0.882821 -0.227273
```

按索引降序排序后：

```
     col2      col1
5 -0.882821 -0.227273
4  3.146590 -0.265626
3  0.435330  0.439582
2  0.262149  0.718241
1 -0.557682 -1.770219
```

对列进行排序，通过传递值为 0 或 1 的轴参数，可以在列标签上完成排序。在默认情况下，axis=0，按行排序，若 axis=1，按列排序。

例如：

```
import pandas as pd
import numpy as np

unsorted_df=pd.DataFrame(np.random.randn(5,2),index=[1,4,2,3,5],columns=['col2','col1'])
print(unsorted_df)
sorted_df=unsorted_df.sort_index(axis=1)
print("按列排序后:")
print(sorted_df)
```

运行结果为：

```
     col2      col1
1  1.883815 -0.176358
4 -1.027336 -0.876760
2  0.479263  0.462886
3 -0.238412 -0.657523
5  0.322994  0.891357
```

按列排序后：

```
      col1       col2
1 -0.176358   1.883815
4 -0.876760  -1.027336
2  0.462886   0.479263
3 -0.657523  -0.238412
5  0.891357   0.322994
```

2. sort_values( )

像索引排序一样，sort_values( )是按值排序的方法。它接受一个'by'参数，该参数将使用 DataFrame 的列名与值进行排序。

例如：

```
import pandas as pd
import numpy as np

unsorted_df=pd.DataFrame({'col1':[2,3,1,4],'col2':[1,3,2,4]})
print(unsorted_df)
sorted_df=unsorted_df.sort_values(by='col1')
print("按第一列排序后:")
print(sorted_df)
```

运行结果为：

```
   col1  col2
0    2    1
1    3    3
2    1    2
3    4    4
```

按第一列排序后：

```
   col1  col2
2    1    2
0    2    1
1    3    3
3    4    4
```

2.5.3 pandas 缺失数据处理

在机器学习和数据挖掘等领域，由于数据的缺失导致数据质量变差，因此在模型预测的准确性方面面临严峻的问题。在这些领域，缺失值处理是使模型更加准确和有效的重点问题。现在让我们看看如何处理 pandas 的缺失值（如 NA 或 NaN）。

1. 检查缺失值

为了更容易地检测缺失值，pandas 提供了 isnull() 和 notnull() 函数，它们也是 Series 和 DataFrame 对象的方法。

例如：

```
import pandas as pd
import numpy as np

df=pd.DataFrame(np.random.randn(5,3),index=['a','c','e','f','h'],columns=['one','two','three'])
df=df.reindex(['a','b','c','d','e','f','g','h'])
print (df['one'].isnull())
```

运行结果为：

```
a    False
b    True
c    False
d    True
e    False
f    False
g    True
h    False
Name: one, dtype: bool
```

2. 缺失数据的计算

在求和数据时，NA 将被视为零。

例如：

```
import pandas as pd
import numpy as np
```

```
df=pd.DataFrame(index=[0,1,2,3,4,5],columns=['one','two'])
print(df['one'].sum())
```

运行结果为：

0

3. 填充缺失数据

fillna 函数可以通过几种方式用非空数据"填充"NA 值。可以用标量值替换 NaN。例如：

```
import pandas as pd
import numpy as np

df=pd.DataFrame(np.random.randn(3, 3), index=['a', 'c', 'e'],columns=['one','two', 'three'])
df=df.reindex(['a', 'b', 'c'])
print (df)
print ("NaN replaced with '0':")
print (df.fillna(0)) # 填充零值;也可以填写任何其他值。
```

运行结果为：

```
        one      two     three
a   0.121897  0.20252 -1.669812
b      NaN     NaN       NaN
c  -0.666624 -1.48284  0.486472
NaN replaced with '0':
        one      two     three
a   0.121897  0.20252 -1.669812
b   0.000000  0.00000  0.000000
c  -0.666624 -1.48284  0.486472
```

也可以正向和反向填充 NA，见表 2-20。

表 2-20 填充 NA 的方法

方法	行为
pad/fill	向前填充方法
bfill/backfill	向后填充方法

例如:

```
import pandas as pd
import numpy as np

df=pd.DataFrame(np.random.randn(5,3),index=['a','c','e','f','h'],columns=['one','two','three'])
df=df.reindex(['a','b','c','d','e','f','g','h'])
print(df.fillna(method='pad'))#向前填充方法
```

运行结果为:

```
     one       two       three
a   0.364716  -0.084768  -1.267388
b   0.364716  -0.084768  -1.267388
c  -0.903191   0.330451   0.376953
d  -0.903191   0.330451   0.376953
e  -0.650542  -1.705719  -0.166956
f  -0.641216   0.792131   1.770264
g  -0.641216   0.792131   1.770264
h  -0.523876   0.658026  -1.032544
```

2.5.4 pandas 日期功能

在处理日期数据时,经常会遇到以下情况:生成日期序列;将日期序列转换为不同的频率。本节将介绍日期处理函数。

1. date.range( )

通过指定周期和频率来使用 date.range( ) 函数,可以创建日期序列。在默认情况下,范围的频率是天。

例如:

```
import pandas as pd
print(pd.date_range('1/1/2011', periods=5))
```

运行结果为:

```
DatetimeIndex(['2011-01-01', '2011-01-02', '2011-01-03', '2011-01-04', '2011-01-05'],
              dtype='datetime64[ns]', freq='D')
```

还可以指定日期频率。

例如：

import pandas as pd

print (pd.date_range('1/1/2011', periods=5,freq='M'))

运行结果为：

DatetimeIndex(['2011-01-31', '2011-02-28', '2011-03-31', '2011-04-30',
               '2011-05-31'],
              dtype='datetime64[ns]', freq='M')

2. bdate_range()

bdate_range() 代表商业日期范围。与 date_range() 不同，它不包括星期六和星期日。

例如：

import pandas as pd

print (pd.bdate_range('1/1/2011', periods=5))

运行结果为：

DatetimeIndex(['2011-01-03', '2011-01-04', '2011-01-05', '2011-01-06',
               '2011-01-07'],
              dtype='datetime64[ns]', freq='B')

常见时间序列频率参数见表 2-21。

表 2-21 常见时间序列频率参数

别号	描述	别号	描述
B	工作日频率	BQS	商业季度开始频率
D	日历日频率	A	年度（年）结束频率
W	每周频率	BA	商业年结束频率
M	月结束频率	BAS	商业年度开始频率
SM	半月结束频率	BH	营业时间频率
BM	营业月结束频率	H	小时频率
MS	月起始频率	T, min	分钟的频率
SMS	短信半月开始频率	S	秒钟的频率
BMS	营业月份开始频率	L, ms	毫秒
Q	季末频率	U, us	微秒
BQ	业务季度结束频率	N	纳秒
QS	季度开始频率		

2.5.5 pandas 数据离散化

Cut() 函数可以对二维数组进行数据离散化处理，将连续变量进行分段汇总。

cut(x,bins,right=True,labels=None,retbins=False,precision=3,include_lowest=False)

参数说明：

x：一维数组；

bins：整数——将 x 划分为多少个等距的区间，序列——将 x 划分在指定序列中，若不在该序列中，则是 Nan；

right：是否包含右端点；

labels：是否用标记来代替返回的 bins；

precision：精度；

include_lowest：是否包含左端点。

例如：

```
import pandas as pd
from random import randrange
data=[randrange(100) for _ in range(10)]    #生成随机数
print(data)
category=[0, 30, 70, 100]                    #指定数据切分的区间边界
print(pd.cut(data, category))
print(pd.cut(data, category, right=False))   #左闭右开区间
```

运行结果为：

[12, 34, 92, 51, 48, 5, 61, 76, 78, 29]

[(0, 30], (30, 70], (70, 100], (30, 70], (30, 70], (0, 30], (30, 70], (70, 100], (70, 100], (0, 30]]

Categories (3, interval[int64]): [(0, 30] < (30, 70] < (70, 100]]

[[0, 30), [30, 70), [70, 100), [30, 70), [30, 70), [0, 30), [30, 70), [70, 100), [70, 100), [0, 30)]

Categories (3, interval[int64]): [[0, 30) < [30, 70) < [70, 100)]

例如：分段统计学生成绩

```
from collections import Counter
from pandas import cut
```

```
scores=[89,70,49,87,92,84,73,71,78,81,90,37,
        77,82,81,79,80,82,75,90,54,80,70,68,61]
groups=Counter(cut(scores,[0,60,70,80,90,101],
                   labels=['不及格','及格','中','良','优秀'],
                   right=False))
print(groups)
```

运行结果为：

Counter({'良': 9, '中': 8, '不及格': 3, '优秀': 3, '及格': 2})

例如：

模拟转盘抽奖游戏，统计不同奖项的获奖概率。

```
import numpy as np
import pandas as pd

# 模拟转盘 100000 次
data=np.random.ranf(100000)
# 奖项等级划分
category=(0.0, 0.08, 0.3, 1.0)
labels=('一等奖','二等奖','三等奖')
# 对模拟数据进行划分
result=pd.cut(data, category, labels=labels)
# 统计每个奖项的获奖次数
result=pd.value_counts(result)
# 查看结果
print(result)
```

运行结果为：

```
三等奖      69712
二等奖      22192
一等奖       8096
dtype: int64
```

2.6　pandas 数据载入与预处理

2.6.1　读取 csv 文件

逗号分割的存储格式叫作 csv 格式（comma-separated values，逗号分隔值），它是一种通用的、相对简单的文件格式，在商业和科学上广泛应用，大部分编辑器都支持直接读入或保存文件为 csv 格式。

将以下数据保存在当前目录，命名为 temp.csv 并对其进行操作。

```
S.No,Name,Age,City,Salary
1,Tom,28,Toronto,20000
2,Lee,32,HongKong,3000
3,Steven,43,Bay Area,8300
```

1. Read_csv()

从 csv 文件中读取数据并创建一个 DataFrame 对象。

例如：

```
import pandas as pd
df=pd.read_csv("temp.csv")
print (df)
```

运行结果为：

```
   S.No  Name    Age  City       Salary
0  1     Tom     28   Toronto    20000
1  2     Lee     32   HongKong   3000
2  3     Steven  43   Bay Area   8300
3  4     Ram     38   Hyderabad  3900
```

可以指定 csv 文件中的一列来使用 index_col 定制索引，使用 names 参数指定标题的名称。

例如：

```
import pandas as pd
```

```
df=pd.read_csv("temp.csv",index_col=['S.No'])
print(df)
```

运行结果为：

```
        Name  Age      City   Salary
S.No
1        Tom   28   Toronto    20000
2        Lee   32  HongKong     3000
3     Steven   43  Bay Area     8300
4        Ram   38 Hyderabad     3900
```

使用 names 参数指定标题的名称。

例如：

```
import pandas as pd

df=pd.read_csv("temp.csv",names=['a','b','c','d','e'])
print(df)
```

运行结果为：

```
      a       b     c         d        e
0  S.No    Name   Age      City   Salary
1     1     Tom    28   Toronto    20000
2     2     Lee    32  HongKong     3000
3     3  Steven    43  Bay Area     8300
4     4     Ram    38 Hyderabad     3900
```

2. to_csv( )

将数据写入 csv 文件。

例如：

```
import pandas as pd

data={'S.No':[1,2,3],
      'Name':['Tom','Lee','Steven'],
      'Age':[28,32,43],
      'City':['Toronto','HongKong','Bay Area'],
```

```
        'Salary':[20000,3000,8300]
}
df=pd.DataFrame(data)
df.to_csv('temp.csv')
```

2.6.2 读取 Excel 文件

pandas 库支持读取 Excel 的操作,且 pandas 操作非常简洁方便。

1. read_excel( ) 函数

参数如下:

read_excel(io,sheet_name=0,header=0,names=None,index_col=None, usecols=None,squeeze=False,dtype=None,engine=None,converters= None,true_values=None,false_values=None,skiprows=None,nrows=None, na_values=None,keep_default_na=True,verbose=False,parse_dates= False,date_parser=None,thousands=None,comment=None,skip_footer=0, skipfooter=0,convert_float=True,mangle_dupe_cols=True,**kwds)

文件 temp 表格中 sheet1 中数据如下:

序号	姓名	成绩
1	张一山	85
2	李明	80
3	王伟	90
4	刘涛	95
5	邓杰	100

表格 sheet2 中的数据如下:

1	张一山	85
2	李明	80
3	王伟	90
4	刘涛	95
5	邓杰	100

常用参数解析如下:

io:指明工作表所在的路径;

sheet_name:可以是 str,int,list 或 None,默认为 0,字符表示的是该表的名字,数字表示的是表的位置(从 0 开始),数字和字符是请求单个表格,列表形式的是请求多个表格,赋值为 None 是请求全部的表格;

header：指定作为列名的行，默认为 0，即取第一行的值为列名。数据为列名行以下的数据；若数据不含列名，则设定 header=None；

names：指定列的名字，传入一个 list 数据，默认为 None；

index_col：指定列为索引列，默认 None 列，index_col=0——第一列为 index 值；

usecols：int 或 list，默认为 None，如果为 None 则解析所有列，如果为 int 则表示要解析的最后一列，如果为 int 列表则表示要解析的列号列表；如果字符串则表示以逗号分隔的 Excel 列字母和列范围列表（如 "A：E" 或 "A，C，E：F"）；

skiprows：省略指定行数的数据，从第一行开始；

skip_footer：省略从尾部数的行数据，没有第 0 行，从 1 开始；

nrows：int 型，默认为 None，表示取所有行，如果是某个值，表示取所指定的行数。

例如：

```
import pandas as pd
data=pd.read_excel("D:\\教学文件\\Python\\python课件\\temp.xlsx",sheet_name=0)
print(data)
```

运行结果为：

```
   序号  姓名   成绩
0   1   张一山  85
1   2   李明   80
2   3   王伟   90
3   4   刘涛   95
4   5   邓杰   100
```

#指定 header=None

```
data=pd.read_excel("D:\\教学文件\\Python\\python课件\\temp.xlsx",sheet_name=1,header=None)
print(data)
```

运行结果为：

```
   0   1    2
0  1   张一山  85
1  2   李明   80
2  3   王伟   90
3  4   刘涛   95
```

4 5 邓杰 100

#指定 names 列的名字为"序号""姓名""成绩"

import pandas as pd

data=pd.read_excel("D:\\教学文件\\Python\\python 课件\\temp.xlsx",sheet_name=1,header=None,names=['序号','姓名','成绩'])

print (data)

运行结果为：

```
   序号   姓名   成绩
0   1   张一山   85
1   2   李明    80
2   3   王伟    90
3   4   刘涛    95
4   5   邓杰    100
```

#指定列为索引列,默认 None 列, index_col=0——第一列为 index 值

import pandas as pd

data=pd.read_excel("D:\\教学文件\\Python\\python 课件\\temp.xlsx",sheet_name=1,header=None,index_col=0)

print (data)

运行结果为：

```
       1    2
0
1    张一山   85
2    李明    80
3    王伟    90
4    刘涛    95
5    邓杰    100
```

#设置 usecols 的值

import pandas as pd

data=pd.read_excel("D:\\教学文件\\Python\\python 课件\\temp.xlsx",

```
sheet_name=1,header=None,usecols=("B:C"))
    print (data)
```
运行结果为:

```
        1    2
0    张一山   85
1    李明    80
2    王伟    90
3    刘涛    95
4    邓杰   100
```

```
#skiprows:省略指定行数的数据,从第一行开始。
import pandas as pd

data=pd.read_excel("D:\\教学文件\\Python\\python课件\\temp.xlsx",
sheet_name=1,header=None,usecols=("B:C"),skiprows=(2))#跳过前两行
    print (data)
```
运行结果为:

```
        1    2
0    王伟    90
1    刘涛    95
2    邓杰   100
```

```
#skip_footer:省略从尾部数的行数据,没有第 0 行,从倒数第 1 行开始。
import pandas as pd

data=pd.read_excel("D:\\教学文件\\Python\\python课件\\temp.xlsx",
sheet_name=1,header=None,skipfooter=2)
    print (data)
```
运行结果为:

```
     0  1    2
0    1  张一山  85
1    2  李明   80
2    3  王伟   90
```

#nrows : int 型,默认为 None,返回所指定的行数

```
import pandas as pd
data=pd.read_excel("D:\\教学文件\\Python\\python课件\\temp.xlsx",sheet_name=1,header=None,nrows=2)
print (data)
```

运行结果为：

```
   0   1   2
0  1  张一山  85
1  2  李明   80
```

2. to_excel( ) 函数

通过调用ExcelWriter( )方法打开一个已经存在的Excel表格作为writer，然后通过to_excel( )方法将需要保存的数据逐个写入Excel，最后关闭writer。

例如：

```
import pandas as pd
file_path="D:\\教学文件\\Python\\python课件\\temp.xlsx"
data=pd.read_excel(file_path,sheet_name=0)
with pd.ExcelWriter(file_path) as writer:
    data.to_excel(writer,sheet_name='sheet3')
writer.save()
writer.close()
```

第3章　数据可视化

　　matplotlib 是较为流行的 Python 绘图库，常用于数据科学和机器学习的可视化绘图操作中。2003 年，John Hunter 发布了 matplotlib，旨在模拟 MATLAB 软件中的命令。

　　matplotlib 中的图表包含了一种内嵌于 Python 对象的层次结构，进而生成一类树形结构。具体来说，每个图表都封装于 Figure 对象中，即可视化的顶层容器，其中可包含多个轴向，可视为该顶层容器内的独立图表。Python 对象可控制轴向、刻度线、图例、标题、文本框、网格和其他许多对象，全部对象均可定制。

3.1 matplotlib 绘图基础

3.1.1 Pyplot 模块

matplotlib 的 Pyplot 子库提供了和 MATLAB 类似的绘图 API，方便用户快速绘制 2D 图表。先看一个简单的绘制余弦函数 y=cos(x) 的例子。

```
import matplotlib.pyplot as plt
import numpy as np

plt.figure(figsize=(8,4))#创建一个绘图对象,大小为 800 像素 * 400 像素
x_values=np.arange(0.0,np.math.pi*4,0.01) #初始值 0.0,终止值 4π,步长 0.01
y_values=np.cos(x_values)
plt.plot(x_values,y_values,'b--',linewidth=1.0, label="cos(x)")#绘图
plt.xlabel('x')#设置 x 轴的文字
plt.ylabel('cos(x)')#设置 y 轴的文字
plt.ylim(-1, 1)#设置 y 轴的范围
plt.title('Simple Plot')#设置图表的标题
plt.legend()   #显示图例
plt.grid(True)
plt.savefig("cos.png")
plt.show()
```

运行结果为：

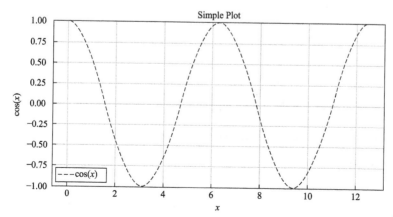

1. figure( ) 函数

调用 figure( ) 函数可以创建一个绘图对象,也可以不用创建绘图对象而直接调用 plot( ) 函数,matplotlib 会自动创建一个绘图对象。

figsize 参数指定绘图对象的宽度和高度,单位为英寸;默认值是每英寸 100 像素。因此,本例中所创建的图表窗口的宽度为 800 像素,高度为 400 像素。

2. plot( ) 函数

通过调用 plot( ) 函数在当前的绘图对象中进行绘图,创建 figure 对象之后,调用 plot( ) 在当前的 figure 对象的子图上进行绘图。

plt.plot(x_values,y_values,'b--',linewidth=1.0)

第三个参数"b--"指定了曲线的颜色和类型,格式化参数见表 3-1。

表 3-1　plot 函数颜色参数

参数	英文	颜色
b	blue	蓝色
g	green	绿色
r	red	红色
c	cyan	蓝绿色
m	magenta	洋(品)红色
y	yellow	黄色
k	black	黑色
w	white	白色

线型表示为:

实线:'-'

虚线:'—'

虚点线:'-.'

点线:':'

点:'.'

星型:'*'

3. text( ) 函数

text( ) 函数可以为图例添加文本,例如:

```
import matplotlib.pyplot as plt
import numpy as np
```

```
mu, sigma=100, 15
x=mu + sigma * np.random.randn(10000)

# the histogram of the data
n, bins, patches=plt.hist(x, 50, density=1, facecolor='g', alpha=0.75)
plt.xlabel('Smarts')
plt.ylabel('Probability')
plt.title('Histogram of IQ')
plt.text(60, .025, r'$ \mu=100, \sigma=15 $')   #添加文字说明
plt.axis([40, 160, 0, 0.03])
plt.grid(True)
plt.show()
```

运行结果为：

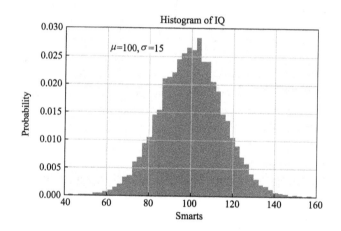

4. annotate() 函数

调用 annotate() 函数可以为图例添加注释，例如：

```
import matplotlib.pyplot as plt
import numpy as np

ax=plt.subplot()
t=np.arange(0.0, 5.0, 0.01)
s=np.cos(2*np.pi*t)
```

```
line,=plt.plot(t, s, lw=2)

plt.annotate('local max', xy=(2, 1), xytext=(3, 1.5),
            arrowprops=dict(facecolor='black', shrink=0.05),
            )

plt.ylim(-2, 2)
plt.show()
```
运行结果为：

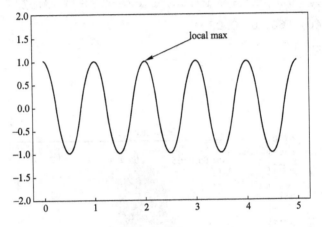

3.1.2 添加子图

matplotlib 所绘制的图片位于 Figure 对象中，可以使用 add_subplot() 创建一个或多个子图。

例如：

```
import matplotlib.pyplot as plt

fig=plt.figure(figsize=(8,4))
ax1=fig.add_subplot(221)
ax2=fig.add_subplot(222)
ax3=fig.add_subplot(223)
```
运行结果为：

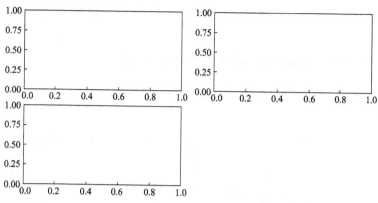

当输入以下命令：

plt.plot(np.random.randn(50).cumsum(),'k--')

matplotlib 会在最后一个图片和子图上进行绘制，运行结果为：

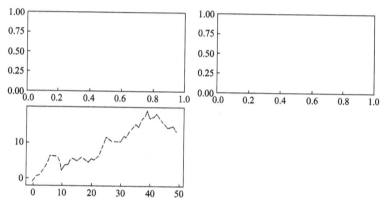

接下来对其他两个子图进行绘制，代码如下：

ax1.hist(np.random.randn(100),bins=20,color='k',alpha=0.3)
ax2.scatter(np.arange(30),np.arange(30)+3*np.random.randn(30))

运行结果为：

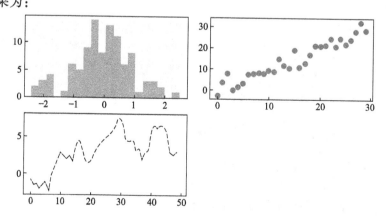

具体的图形类型和参数可以查阅 matplotlib 的官方文档（http：//matplotlib. sourceforge. net）。

调整子图间的间距可以调用 subplots_ adjust() 函数如下：

plt.subplots_adjust(wspace=0.3,hspace=0.5)

运行结果为：

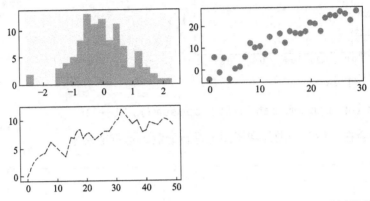

同时，可以为子图添加标题、x 轴名称和 y 轴名称、x 轴刻度、图例等信息。例如：

ax3.plot(np.random.randn(50).cumsum(),'k-',label='one')
ax3.plot(np.random.randn(50).cumsum(),'r.',label='two')
ax3.set_xticks([0,5,10,15,20,25,30,35,40,45,50])
props={'title':'the third subplot',
       'xlabel':'x',
       'ylabel':'y'}
ax3.set(**props)
ax3.legend(loc='best')

运行结果为：

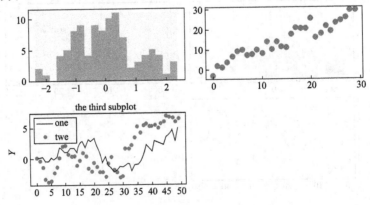

也可以用 subplot() 函数直接绘制子图。例如：

```
import matplotlib.pyplot as plt
import numpy as np
def f(t):
    return np.exp(-t) * np.sin(2 * np.pi * t)

t1=np.arange(0.0, 5.0, 0.1)
t2=np.arange(0.0, 5.0, 0.02)

plt.figure()
plt.subplot(211)     #参数表示2行,1列和第1个图
plt.plot(t1, f(t1), 'bo', t2, f(t2), 'k')

plt.subplot(212)     #参数表示2行,1列和第2个图
plt.plot(t2, np.sin(2 * np.pi * t2), 'r--')
plt.show()
```

运行结果为：

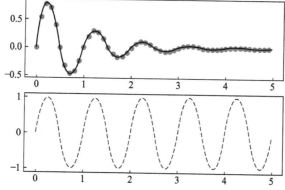

```
import matplotlib.pyplot as plt
names=['group_a', 'group_b', 'group_c']
values=[1, 10, 100]

plt.figure(figsize=(9, 3))

plt.subplot(131)
```

```
plt.bar(names, values)
plt.subplot(132)
plt.scatter(names, values)
plt.subplot(133)
plt.plot(names, values)
plt.suptitle('Categorical Plotting')
plt.show()
```

运行结果为：

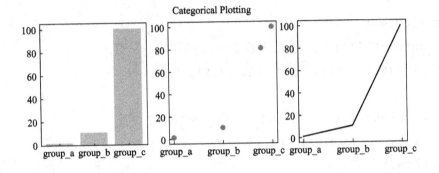

3.2 使用 pandas 和 Seaborn 绘图

在 pandas 中，可能有多个数据列，并且带有行和列的标签。pandas 自身有很多内置方法，可以简化从 DataFrame 和 Series 对象生成可视化的过程。另一个开源库是 Seaborn（http://seaborn.pydata.org），它是由 Michael Waskom 创建的统计图形库。

3.2.1 折线图

Series 和 DataFrame 都有一个 plot 属性，用于绘制基本的图形。在默认情况下，绘制的是折线图。

例如：

```
'''np.random.randn()函数所产生的随机样本基本上取值主要在-1.96~+1.96,
当然也不排除存在较大值的情形,只是概率较小而已。'''
import numpy as np
import pandas as pd

s=pd.Series(np.random.randn(10).cumsum(),index=np.arange(0,100,10))
s.plot()
```

运行结果为：

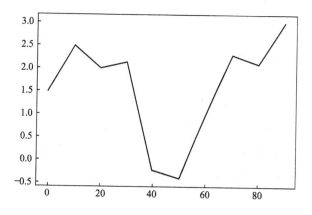

例如：

```
import numpy as np
import pandas as pd

df=pd.DataFrame(np.random.randn(10,4).cumsum(axis=0),columns=
['A','B','C','D'],index=np.arange(0,100,10))
df.plot()
```

运行结果为：

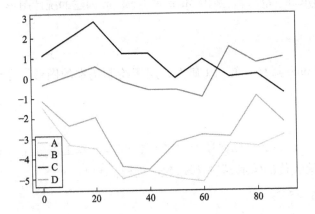

3.2.2 柱状图

plot.bar( ) 和 plot.barh( ) 可以分别绘制垂直和水平的柱状图。在绘制柱状图时，Series 和 DataFrame 的索引将会被用作 x 轴刻度或 y 轴刻度。

例如：

```
import numpy as np
import pandas as pd
import matplotlib.pyplot as plt

fig,axes=plt.subplots(2,1)
data=pd.Series(np.random.rand(10),index=list('abcdefghij'))
data.plot.bar(ax=axes[0],color='k',alpha=0.8)
data.plot.barh(ax=axes[1],color='b',alpha=0.8)
```

运行结果为：

在 DataFrame 中，柱状图将每一行中的值分组到并排的柱子中的一组。

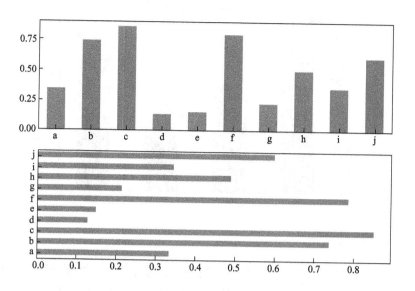

例如：

df=pd.DataFrame(np.random.rand(4,4),index=['one','two','three','four'],columns=(['A','B','C','D']))

df.plot.bar()

运行结果为：

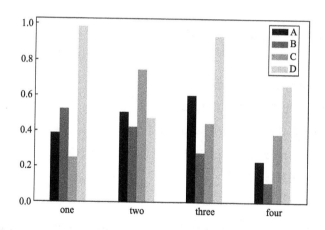

也可以设置 stacked=True 来生成堆积柱状图，使得每一行的值堆积在一起。

例如：

df.plot.bar(stacked=True,alpha=0.6,rot=30)

运行结果为：

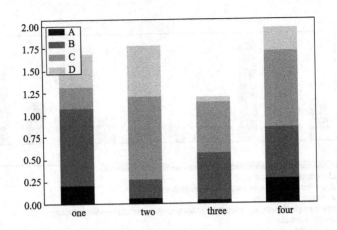

3.2.3 直方图和密度图

直方图依照相等的间隔将值分组为柱，它的形状可能包含了数据分布的一些信息，如高斯分布、指数分布等。当分布总体呈现规律性，但有个别异常值时，可以通过直方图辨认。

最简单的查看数值变量分布的方法是使用 DataFrame 的 hist() 方法绘制直方图。具体内容见 https://pandas.pydata.org/pandas-docs/stable/reference/api/pandas.DataFrame.hist.html。

例如：

```
import numpy as np
import pandas as pd
import matplotlib.pyplot as plt

df=pd.DataFrame({
    'length':[1.5,0.5,1.2,0.9,3],
    'width':[0.7,0.2,0.15,0.2,1.1]
    },index=['pig','rabbit','duck','chicken','horse'])
hist=df.hist(bins=5)
```

运行结果为：

密度图（density plots），也叫核密度图（kernel density estimate，KDE）是理解数值变量分布的另一个方法。相比直方图，它的主要优势是不依赖于柱的尺寸，更加清晰。

最简单地查看数值变量分布的方法是使用 DataFrame 的 plot.kde 方法绘制密度图。

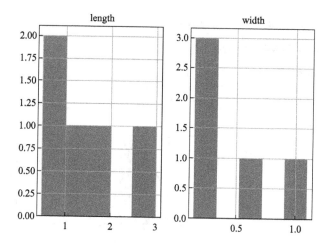

例如：

```
import numpy as np
import pandas as pd
import matplotlib.pyplot as plt

df=pd.DataFrame({
    'x':[1, 2, 2.5, 3, 3.5, 4, 5],
    'y':[4, 4, 4.5, 5, 5.5, 6, 6],
})
ax=df.plot.kde()
```

运行结果为：

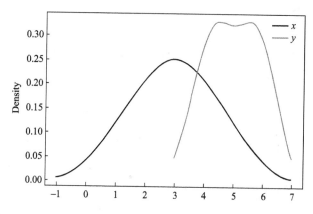

使用 Seaborn 的 distplot( ) 方法观测数值变量的分布。在默认情况下，该方法将同时显示直方图和密度图。

例如：

```
import seaborn as sns, numpy as np
sns.set(); np.random.seed(0)
x=np.random.randn(100)
ax=sns.distplot(x)
```

运行结果为：

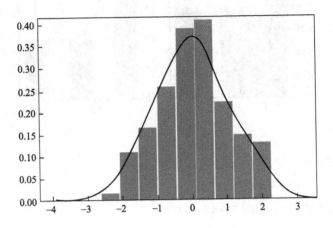

3.2.4 散点图

可以使用 DataFrame.plot.scatter() 方法绘制散点图。散点图需要 x 轴和 y 轴的数字列。这些可以由 x 轴和 y 轴关键字指定。

例如：

```
import pandas as pd
import numpy as np

df=pd.DataFrame(np.random.rand(50, 4), columns=['a', 'b', 'c', 'd'])
df.plot.scatter(x='a', y='b')
```

运行结果为：

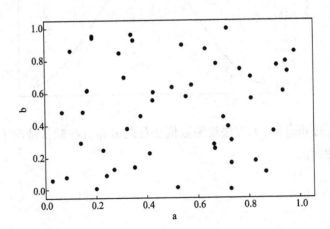

要在单个轴上绘制多个列组，要重复指定目标轴的绘图方法，建议指定颜色和标签关键字来区分每个组。

例如：

```
ax=df.plot.scatter(x='a',y='b',color='DarkBlue',label='Group 1')
df.plot.scatter(x='c',y='d',color='RED',label='Group 2',ax=ax)
```

运行结果为：

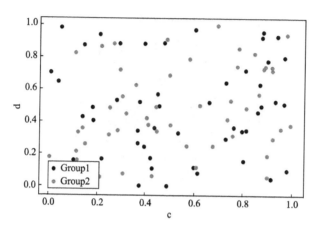

3.2.5 饼图

通过饼图可以直观地展示统计数据中每一项在总数中的占比，在 matplotlib 库中，可以通过调用 pyplot.pie 方法来绘制饼图。pie 方法中常用参数的说明如下。

label：该饼图的说明文字。

x：每个统计小项的数值。

explode：每块饼图离开中心点的位置。

colors：每块饼图的颜色。

startangle：起始角度，默认图是从 x 轴正方向逆时针画起。

例如，某家庭某个月各项收入是工资 23 000，股票 2 000，基金 2 000，著书收益 1 500，其他收益 800，绘制饼图的程序代码如下：

```
import matplotlib.pyplot as plt

plt.rcParams['font.sans-serif']=['SimHei']  #显示中文字符
labels=['工资','股票','基金','著书收益','其他']
incomes=[23000,2000,2000,1500,800]
explode=(0,0.1,0.1,0.1,0.1)
```

```
    colors=['red','blue','green','yellow','purple']
    plt.pie(x=incomes,explode=explode,labels=labels,startangle=45,
colors=colors)
    plt.title("本月收入情况")
    plt.show()
```

运行结果为：

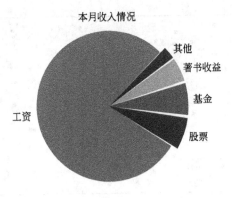

参考文献

[1] 董付国. Python 程序设计 [M]. 2 版. 北京：清华大学出版社，2016.
[2] 陈福明，李晓丽，杨秋格，等. Python 程序设计基础与案例教程 [M]. 北京：北京交通大学出版社，2020.